科学出版社"十四五"普通高等教育本科规划教材

计算机组成与设计实验教程
（第四版）

王　炜　何红旗　侯一凡　编著

科 学 出 版 社

北 京

内 容 简 介

本书以 TEC-8 计算机硬件综合实验系统为实验平台,全面介绍了计算机组成原理、数字逻辑与数字系统。全书共 7 章:第 1 章详细介绍了 TEC-8 计算机硬件综合实验系统;第 2 章和第 3 章介绍了计算机组成与计算机体系结构实验,其中第 2 章给出了 7 个基本实验,第 3 章给出了 4 个综合实验;第 4 章介绍了数字逻辑与数字系统的 4 个综合设计实验,这些实验同时可作为 EDA 技术的基础实验;作为进行第 3 章、第 4 章相关设计实验的必备基础,第 5～7 章主要介绍了 EDA 设计的相关基础技术,其中第 5 章和第 6 章分别对 VHDL 和 Verilog HDL 进行了简单介绍,第 7 章介绍了 Quartus II 的使用方法。

本书可作为高等院校计算机及相关专业的计算机组成原理、数字逻辑与数字系统实验课程的教材,也可供计算机硬件技术领域的设计人员自学参考。

图书在版编目(CIP)数据

计算机组成与设计实验教程 / 王炜,何红旗,侯一凡编著. —4 版.
— 北京:科学出版社,2021.10
(科学出版社"十四五"普通高等教育本科规划教材)
ISBN 978-7-03-069704-2

Ⅰ. ①计… Ⅱ. ①王… ②何… ③侯… Ⅲ. ①计算机体系结构-高等学校-教材 Ⅳ. ①TP303

中国版本图书馆 CIP 数据核字(2021)第 176668 号

责任编辑:于海云 / 责任校对:王 瑞
责任印制:赵 博 / 封面设计:迷底书装

斜 学 虫 版 社 出版

北京东黄城根北街 16 号
邮政编码:100717
http://www.sciencep.com

北京富资园科技发展有限公司印刷
科学出版社发行 各地新华书店经销
*

2006 年 1 月第 一 版	开本:787×1092 1/16
2021 年 10 月第 四 版	印张:16 1/2
2025 年 1 月第五次印刷	字数:400 000

定价:59.00 元

(如有印装质量问题,我社负责调换)

前　　言

　　"计算机组成原理"是计算机科学与技术专业的重要专业基础课之一，又是一门实践性很强的课程。"计算机组成原理实验"是计算机科学与技术学科的必修环节，主要目的是使学生通过自己动手，进一步融会贯通理论教学的内容，掌握计算机各功能模块的工作原理、相互联系，完整地建立计算机的整机概念，同时，培养学生独立分析问题、解决问题的能力。

　　本书是为采用 TEC-8 计算机硬件综合实验系统开展计算机组成原理、数字逻辑与数字系统实验的师生而编写的教材。TEC-8 计算机硬件综合实验系统由清华科教仪器厂研发，它是一个 8 位计算机模型实验系统，可用于**计算机组成原理、计算机体系结构、数字逻辑与数字系统**的实验教学，也可用于数字系统的研究开发，为提高学生的动手能力、培养学生的创新精神提供了一个良好的舞台。TEC-8 计算机硬件综合实验系统采用了数据总线和指令总线双总线结构，能够实现流水控制；控制器有微程序控制器和硬连线控制器两种类型，每种类型又有流水和非流水两种方案。通过该实验系统，实验者既能完成元件级、部件级的实验，又能完成系统实验，可透彻地剖析计算机的基本组成与工作原理，了解计算机的内部运行机理，掌握计算机系统设计的基本技术，提高独立分析、解决问题特别是硬件设计与调试方面问题的能力。同时，通过与计算机相连，实验者在完成相关实验的同时，能够深入地学习 EDA 技术，提高数字系统设计的能力。

　　全书共 7 章，从内容上看大体分为四个部分：第一部分为第 1 章，对 TEC-8 计算机硬件综合实验系统进行详细介绍；第二部分为第 2 章和第 3 章，介绍计算机组成与计算机系统结构实验；第三部分为第 4 章，给出了 4 个数字逻辑与数字系统的综合设计实验项目，这些项目同时可作为 EDA 技术的基本实验项目；第四部分为第 5～7 章，主要介绍 EDA 设计的相关基础技术。另外，为了便于实验调试，书中以附录的形式给出了 TEC-8 计算机硬件综合实验系统用到的所有 74 系列芯片的相关资料以及 TEC-8 计算机硬件综合实验系统实验箱的器件布局图。

　　希望这本书对于计算机组成原理、数字逻辑与数字系统的学习和教学实践工作有一定的帮助。

　　全书由王炜统筹、策划，何红旗、侯一凡参与了部分章节的编写，信息工程大学王玉龙和清华大学科教仪器厂刘敬晗、张改革参与了部分实验项目的设计、调试与仿真、验证工作。本书编写过程中得到信息工程大学各部门和清华大学科教仪器厂的大力支持，清华大学科教仪器厂杨春武参与了本书部分实验项目的设计、规划，在此一并表示感谢。

　　本书于 2006 年初次出版，当时是基于 TEC-4 计算机组成原理实验系统，2013 年出版的第 2 版和 2017 年出版的第 3 版则基于 TEC-8 计算机硬件综合实验系统。根据实践中的反馈意见，TEC-8 计算机硬件综合实验系统做了一些改进，增加了对脱机实验的支持。本次再版结合实验平台的更新情况对实验项目进行了部分调整，并修正了一些错误。

　　由于作者水平有限，书中难免存在疏漏之处，敬请读者批评指正。

编　者

2020 年 8 月

目　录

第1章　TEC-8计算机硬件综合实验系统

1.1　TEC-8实验系统的技术特点

TEC-8计算机硬件综合实验系统，以下简称TEC-8实验系统或TEC-8模型计算机、模型机。

TEC-8实验系统具有如下技术特点：

(1)TEC-8模型计算机采用8位(bit)字长，简单而实用，有利于学生掌握TEC-8模型计算机整机的工作原理。通过8位数据开关用手动方式输入二进制测试程序，有利于学生从最底层开始了解计算机工作原理。

(2)指令系统采用4位操作码，可容纳16条指令，已实现加、减、与、加1、存数、取数、条件转移、无条件转移、输出、中断返回、开中断、关中断和停机等14条指令，指令功能非常典型。

(3)其采用双端口存储器(Memory)作为主存，实现数据总线和指令总线双总线体制，实现指令流水功能，体现出现代CPU设计思想。

(4)控制器采用微程序控制、硬连线控制、独立控制3种类型，体现了当代计算机控制器技术的完备性。

(5)微程序控制、硬连线控制和独立控制之间的转换采用独创的一次全切换方式，切换不用关掉电源，切换简单、安全可靠。

(6)控制存储器中的微代码可用PC(个人计算机)下载，省去了E^2PROM器件的专用编程器(Programmer)和对器件的插、拔。

(7)运算器中ALU采用2片74LS181实现，4个8位寄存器堆用1片Altera EPM7064S实现，设计新颖。

(8)每一条机器指令的时序采用不定长机器周期方式，符合现代计算机设计思想。

(9)1片Altera EPM7128S CPLD既可作为硬连线控制器使用，又可用于"数字逻辑与数字系统"课程的大型设计实验。为了安排"数字逻辑与数字系统"课程的大型设计实验，其提供了用发光二极管代表的按东、西、南、北方向安排的12个交通灯、6个数码管、1个喇叭和1个VGA接口。

(10)其通过扩展板提供了若干双列直插的器件插座，可用于"数字逻辑与数字系统"课程的基本实验。

1.2　TEC-8实验系统的组成

TEC-8计算机硬件综合实验系统由下列部分构成。

1. 电源

电源安装在实验箱的下部,输出电压为+5V,最大电流为 2.5A。220V 交流电源开关安装在实验箱的右侧,220V 交流电源插座安装在实验箱的背面。实验台上有一个+5V 电源指示灯。

2. 实验台

实验台是 TEC-8 计算机硬件综合实验系统最主要的组成部分,学生就是在实验台上进行实验的。实验台安装在实验箱的上部,由一块印制电路板构成,TEC-8 模型计算机安装在这块印制电路板上,TEC-8 计算机硬件综合实验系统实验台如图 1.1 所示。

图 1.1　TEC-8 计算机硬件综合实验系统实验台

从功能上讲,TEC-8 计算机硬件综合实验系统可以分为若干个区,其分布如图 1.2 所示。其中数码管、交通灯、扬声器和 VGA 部分主要用于支持“数字逻辑与数字系统”综合实验;指示灯部分可用于实时显示某些信号的电平值(通过单独连线方式连接)或用于运算器设计实验等;逻辑笔部分集成了一个逻辑测试笔,利用附带的逻辑笔可以检测各种信号的逻辑电平;微程序控制器、硬连线控制器部分用于提供基于 TEC-8 计算机硬件综合实验系统进行“计算机组成原理”与“计算机系统结构”实验所需的控制信号,根据用户的设置不同;控制转换部分选择其一作为控制信号来源，或者二者都不选取，而是通过外接连线方式手动控制各控制信号。

图 1.2　TEC-8 计算机硬件综合实验系统功能分区图

3. 下载电缆

下载电缆 USB Blaster 用于将学生设计的硬连线控制逻辑或者其他综合实验的电路下载到 Altera EPM7128S CPLD 器件中。下载前必须将下载电缆的一端和 PC 的 USB 口连接，另一端和实验台上的下载插座(J7)连接。

通过下载电缆下载相关内容的具体方法见第 7 章。

4. 通信线

通信线用于 PC 上**在线修改**控制存储器中的微代码。TEC-8 计算机硬件综合实验系统使用一片 89S52 单片机将学生设计的微程序写入 E^2PROM，这就免除了必须先从实验箱上拔下存储芯片然后通过专用编程器进行写入的麻烦。

通信线分为 2 种，一种是 COM 口转 COM 口的，另一种是 USB 口转 COM 口的。使用 COM 口转 COM 口通信线在系统改写控制存储器内容时，通信线一端接实验台上的 COM 口(RS232，J3)，另一端直接连 PC 的 COM 口，或通过 USB 转 COM 接头接 PC 的 USB 口；如果是 USB 口转 COM 口的通信线，则其一端接实验台上的 COM 口(RS232，J3)，另一端直接连 PC 的 USB 口。

利用通信线在系统改写控制存储器内容的具体方法见 1.9 节。

5. 导线与扁平电缆

使用 TEC-8 计算机硬件综合实验系统进行某些实验时需要进行一些信号的连接，它们通过自锁紧导线连接完成。接入导线时，先将导线插头接入接线孔，然后捏住导线插头顺时针旋转 90°，导线即锁紧、固定；反之，若要拆除导线，则要先捏住导线插头逆时针转动 90°～180°，待松动后轻轻拔出导线插头。

当进行大型综合设计实验时，有些实验(包括"计算机组成原理"与"计算机系统结构""数字逻辑与数字系统"综合设计实验)需要通过扁平电缆将需要的信号和器件 Altera EPM7128S CPLD 的引脚连接。扁平电缆的一端接 34 芯插座 J6(J6 和 Altera EPM7128S CPLD 的引脚相连)；另一端分为三部分：第一部分接 16 芯插座 J8(J8 和开关 K15～K0 相连)；第二部分接 12 芯插座 J4(J4 和 12 个发光二极管 L11～L0 相连)或者接 12 芯插座 J1(J1 和数码管 LG2、LG1 的驱动相连)；第三部分接 6 芯插座 J5(J5 和上面提到的时钟信号 MF、CP1、CP2 和 CP3 以及正脉冲 QD、PULSE 相连)。在进行这些大型综合设计实验时，需要根据需要进行正确连接。

1.3　逻辑测试笔

在数字电路实验中，对信号的测量是一个重要问题。常用的测试工具有示波器、万用表和逻辑测试笔。示波器的好处是直观、准确，用波形显示信号的状态，常用于对连续的周期波形进行测量，数字示波器对非周期信号的测量也很有效，缺点是造价较高。万用表价格便宜、使用方便，对信号电压能进行精确测量，缺点是不能测量脉冲信号。逻辑测试笔常用于测量信号的电平，判断一个较窄的脉冲是否发生以及发生了几个脉冲，缺点是无法对信号的电压做精确测量。数字电路实验中，关心的不是信号的具体电压，而是信号的电平，逻辑测试笔作为一种方便、直观的测试工具，得到了广泛应用。

TEC-8 实验台上许多信号都连接发光二极管作为指示灯，指示信号的电平，同时配备了逻辑测试笔。TEC-8 实验系统上配置的逻辑测试笔在测试信号的电平时，红灯亮表示高电平，绿灯亮表示低电平，红灯和绿灯都不亮表示高阻态。

在测试脉冲个数时，首先按一次 Reset 按钮，使 2 个黄灯 D1、D0 灭，处于测试初始状态。TEC-8 实验台上的逻辑测试笔最多能够测试 3 个连续脉冲。测试信号的状态显示如表 1.1 所示。

表 1.1　指示灯对应的信号状态

电平指示			脉冲计数		
红灯	绿灯	测试结果	D1(黄灯)	D0(黄灯)	测试结果
0	0	高阻态	0	0	没有脉冲
1	0	高电平	0	1	1 个脉冲
0	1	低电平	1	0	2 个脉冲
			1	1	3 个脉冲

注：表中用"0"表示灯不亮；用"1"表示灯点亮。

数字电路的测试大体上分为静态测试和动态测试两部分。静态测试指的是给定数字电路若干静态输入值，测量输出是否正确。动态测试是在静态测试基础上，给数字电路输入端加脉冲信号，用示波器或者逻辑测试笔测试数字电路输出是否正确。一般地，时序电路应当进行动态测试。

1.4　TEC-8 实验系统结构和操作

1.4.1　TEC-8 模型计算机时序信号

TEC-8 模型计算机主时钟 MF 的频率为 1MHz，执行一条微指令需要 3 个节拍脉冲 T1、T2、T3。TEC-8 模型计算机时序采用不定长机器周期，绝大多数指令采用 2 个机器周期 W1、W2，少数指令采用一个机器周期 W1 或者 3 个机器周期 W1、W2、W3。

图 1.3 是 3 个机器周期的时序图。

图 1.3　TEC-8 模型计算机 3 个机器周期时序图

1.4.2　TEC-8 模型计算机组成

图 1.4 是 TEC-8 模型计算机电路框图。下面介绍主要组成模块。

1. 时序发生器

时序发生器由 2 片 GAL22V10(U68、U69)组成，产生节拍脉冲信号 T1、T2、T3，节拍电位 W1、W2、W3，以及中断请求信号 ITNQ。主时钟 MF 采用石英晶体振荡器产生的 1MHz 时钟信号。T1、T2、T3 的脉宽为 1μs。一个机器周期包含一组 T1、T2、T3。

2. 算术逻辑单元

算术逻辑单元(ALU)由 2 片 74LS181(U46、U47)加 1 片 74LS74、1 片 74LS244、1 片 74LS240、1 片 74LS30 组成，进行算术逻辑运算。74LS181 是一个 4 位的算术逻辑器件，2 个 74LS181 级联构成一个 8 位的算术逻辑单元。在 TEC-8 模型计算机中，算术逻辑单元对 A 端口的 8 位数和 B 端口的 8 位数进行加、减、与、或和数据传送 5 种运算，产生 8 位数据结果、进位标志 C 和结果为 0 标志 Z。当信号 ABUS 为"1"时，将运算的数据结果送往数据总线 DBUS。

3. 双端口寄存器堆

双端口寄存器堆由 Altera 公司的 1 片可编程器件 EPM7064S 组成，向 ALU 提供两个运算操作数 A 和 B，保存运算结果。EPM7064S 里面包含 4 个 8 位寄存器 R0、R1、R2、R3，2 个 4 选 1 选择器(4 选 1 选择器 A 和 4 选 1 选择器 B)，1 个 2-4 译码器。如图 1.4 所示，上述内容用虚线围起来的部分全部放在 EPM7064S 中。4 个寄存器通过 4 选 1 选择器 A(受 RD1、RD0 控制)向 ALU 的 A 端口提供 A 操作数,通过 4 选 1 选择器 B(受 RS1、RS0 控制)向 ALU 的 B 端口提供 B 操作数,通过 2-4 译码器(受 RD1、RD0 控制)产生信号 LDR0、LDR1、LDR2 和 LDR3,选择保存运算数据结果的寄存器。

图 1.4　TEC-8 模型计算机电路框图

4. 数据开关 SD7～SD0

8 位数据开关 SD7～SD0 是双位开关，拨到朝上位置时表示"1"，拨到朝下位置时表示"0"。用于编制程序并把程序放入存储器，以及设置寄存器 R3～R0 的值、设置初始地址、输入操作数等。通过拨动数据开关 SD7～SD0 得到的程序或者数据等先被送到由 1 片 74LS244

组成的数据开关驱动器 SWD（U58）中，当数据开关选择信号 SBUS 有效时，该数据开关驱动器中的值（也就是通过数据开关送入的内容）才会被送往数据总线 DBUS。

5. 双端口存储器

双端口存储器由 1 片 IDT7132 及少许附加电路组成，用于存放程序和数据。双端口存储器是一种 2 个端口可同时进行读、写的存储器，2 个端口各有独立的存储器地址、数据总线，以及读、写控制信号。在 TEC-8 中，双端口存储器的左端口是个真正的读、写端口，用于程序的初始装入操作、从存储器中取数到数据总线 DBUS 以及将数据总线 DBUS 上的数写入存储器；双端口存储器的右端口被设置成只读方式，从右端口读出的指令 INS7～INS0 被送往指令寄存器 IR。

需要指出的是，双端口存储器芯片 IDT7132 是 2048×8 位的，但是由于 TEC-8 的地址线只有 8 位，因此只能使用其中的 256 字节。

6. 程序计数器 PC、地址寄存器 AR 和中断地址寄存器 IAR

程序计数器 PC 由 2 片 GAL22V10 和 1 片 74LS244 组成，向双端口存储器的右端口提供存储器地址 PC7～PC0（即将要执行的指令地址）。程序计数器 PC 具有 PC 复位功能、从数据总线 DBUS 上装入初始 PC 功能、PC 加 1 功能以及 PC 和转移偏量相加功能。

地址寄存器 AR 由 1 片 GAL22V10 组成，向双端口存储器的左端口提供存储器地址 AR7～AR0。它具有从数据总线 DBUS 上装入初始 AR 功能和 AR 加 1 功能。

中断地址寄存器 IAR 是 1 片 74LS374，它用于保存中断响应时程序计数器 PC 的值。

7. 指令寄存器 IR

指令寄存器是 1 片 74LS273，用于保存从双端口存储器中读出的指令。它的输出中的高位部分 IR7～IR4 被送往硬连线控制器、微程序控制器；其低位部分 IR3～IR0 被送往受控制台操作选择信号 SELCTL 控制的 2 选 1 选择器。

8. 微程序控制器

微程序控制器产生 TEC-8 模型计算机所需的各种控制信号。它由 5 片 HN58C65、1 片 74LS174、3 片 74LS32 和 2 片 74LS08 组成。5 片 HN58C65 组成控制存储器存放微程序代码；1 片 74LS174 是微地址寄存器；3 片 74LS32 和 2 片 74LS08 组成微地址转移逻辑。

9. 硬连线控制器

硬连线控制器由 1 片 Altera 可编程器件 EPM7128S CPLD 组成，产生 TEC-8 模型计算机所需的各种控制信号。

10. 控制信号切换电路

控制信号切换器由 7 片 74LS244 和 1 个三刀转换开关 SW9 组成。拨动一次转换开关，就能够实现一次控制信号的切换。当转换开关拨到朝上位置时，表示正在使用硬连线控制信号的红灯亮，TEC-8 模型计算机使用硬连线控制器产生的控制信号；当转换开关拨到朝下位置时，表示正在使用微程序控制信号的绿灯亮，TEC-8 模型计算机使用微程序控制器产生的控制信号；当转换开关拨到中间位置时，表示正在进行独立控制的黄灯亮，此时 TEC-8 模型计算机各个部件相互独立，控制信号需要由拨位开关(通过手动连线)控制。

11．2 选 1 选择器

2 选 1 选择器由 1 片 74LS244 组成，受控制台操作选择信号 SELCTL 控制，用于在指令操作数 IR3～IR0 和控制信号 SEL3～SEL0 之间进行选择以产生目的寄存器编码 RD1、RD0 和源寄存器编码 RS1、RS0：当控制台操作选择信号 SELCTL 为"1"时，表示执行的是控制台操作，此时由控制信号 SEL3～SEL0 控制产生源/目的寄存器编码；反之，当控制台操作选择信号 SELCTL 为"0"时，表示正在运行程序，此时由操作数 IR3～IR0 控制产生源/目的寄存器编码。

1.5　TEC-8 模型计算机指令系统

TEC-8 模型计算机是个 8 位机，字长是 8 位。指令使用 4 位操作码，最多容纳 16 条指令，已实现加法、减法、逻辑与、加 1、存数、取数、Z 条件转移、C 条件转移、无条件转移、输出、中断返回、开中断、关中断和停机 14 条指令。指令系统如表 1.2 所示。

表 1.2　TEC-8 模型计算机指令系统

名称	助记符	功能	指令格式		
			IR7 IR6 IR5 IR4	IR3 IR2	IR1 IR0
加法	ADD Rd, Rs	Rd ← Rd + Rs	0001	Rd	Rs
减法	SUB Rd, Rs	Rd ← Rd − Rs	0010	Rd	Rs
逻辑与	AND Rd, Rs	Rd ← Rd and Rs	0011	Rd	Rs
加 1	INC Rd	Rd ← Rd + 1	0100	Rd	XX
取数	LD Rd, [Rs]	Rd ← [Rs]	0101	Rd	Rs
存数	ST Rs, [Rd]	Rs → [Rd]	0110	Rd	Rs
C 条件转移	JC offset	若 C=1，则 PC ← @ + offset	0111	offset	
Z 条件转移	JZ offset	若 Z=1，则 PC ← @ + offset	1000	offset	
无条件转移	JMP Rd	PC ← Rd	1001	Rd	XX
输出	OUT Rs	DBUS ← Rs	1010	XX	Rs
中断返回	IRET	返回断点	1011	XX	XX
关中断	DI	禁止中断	1100	XX	XX
开中断	EI	允许中断	1101	XX	XX
停机	STP	暂停运行	1110	XX	XX

表 1.2 中，XX 代表随意值；Rs 代表源寄存器号；Rd 代表目的寄存器号。在条件转移指令中，@代表当前 PC 的值，offset 是一个 4 位的有符号数(补码表示，最高位是符号位，其中 0 代表正数，1 代表负数)。特别需要提醒注意的是，这里的@不是当前指令的 **PC** 值，而是当前指令的 **PC** 值加 1 以后的值。

表 1.2 中指令操作码 0000B 没有对应的指令。实际上指令操作码 0000B 对应一条 nop 指

令，即"什么也不做"。当复位信号为"0"时，**指令寄存器 IR 复位，其值即 00000000B**，计算机执行该指令时同样需要经过取指、译码、执行等阶段，但是在执行阶段什么也不做。这样设计的目的往往是适应指令流水的初始状态要求。

1.6　指示灯、按钮、开关、接口与短路子

1.6.1　指示灯

为了在实验过程（Procedure）中观察各种数据，TEC-8 实验系统设置了大量的指示灯。

1. 与运算器有关的指示灯

D7~D0：数据总线指示灯。
A7~A0：运算器 A 端口指示灯。
B7~B0：运算器 B 端口指示灯。
C：进位标志指示灯。
Z：结果为 0 标志指示灯。

2. 与存储器有关的指示灯

PC7~PC0：程序计数器指示灯。
AR7~AR0：存储器地址指示灯。
IR7~IR0：指令寄存器指示灯。
INS7~INS0：双端口存储器右端口数据指示灯。

3. 与微程序控制器有关的信号指示灯

μA5~μA0：微地址指示灯（绿色），指示当前的微地址。
NμA5~NμA0：后继微地址指示灯（红色），指示当前微指令的默认后继微地址。
P4~P0：判别位指示灯（黄色），指示形成后继微地址需判别的条件。
上述指示灯仅在使用微程序控制器时有效；在**使用硬连线控制器或者独立控制时，微地址指示灯 μA5~μA0、后继微地址指示灯 NμA4~NμA0 和判别位指示灯 P4~P0 没有**实际意义。

4. 节拍脉冲信号和节拍电位信号指示灯

按下启动按钮 QD 后，至少产生一组节拍脉冲信号 T1、T2、T3，无法用指示灯显示 T1、T2、T3 的状态，因此设置了 T1、T2、T3 观测插孔，使用 TEC-8 实验台上提供的逻辑测试笔能够观测 T1、T2、T3 是否产生。
硬连线控制器产生的节拍电位信号 W1、W2 和 W3 有对应的指示灯。

5. 其他指示灯

控制台操作指示灯：绿色，当它亮时，表明正在进行控制台操作。

硬连线控制器指示灯：红色，当它亮时，表明使用硬连线控制器。

微程序控制器指示灯：绿色，当它亮时，表明使用微程序控制器。

独立控制指示灯：黄色，当它亮时，表明模型机各部件相互独立，控制信号需手动。

+5V 指示灯：红色，指示+5V 电源的状态。

1.6.2　按钮

TEC-8 实验平台上有若干按钮，下面仅介绍最重要的 3 个，其余按钮在用到时再加以介绍。

1. 启动按钮 QD

按一次启动按钮 QD，则产生 2 个脉冲 QD 和 QD#。QD 为正脉冲，QD#为负脉冲，脉冲的宽度与按下 QD 按钮的时间相同。**正脉冲 QD 启动节拍脉冲信号 T1、T2 和 T3。**

2. 复位按钮 CLR

按一次复位按钮 CLR，则产生 2 个脉冲 CLR 和 CLR#。CLR 为正脉冲，CLR#为负脉冲，脉冲的宽度与按下 CLR 按钮的时间相同。**负脉冲 CLR#使 TEC-8 模型计算机复位，处于初始状态。**

3. 中断按钮 PULSE

按一次中断按钮 PULSE，则产生 2 个脉冲 PULSE 和 PULSE#。PULSE 为正脉冲，PULSE#为负脉冲，脉冲的宽度与按下 PULSE 按钮的时间相同。**正脉冲 PULSE 向 TEC-8 模型计算机发出中断请求。**

1.6.3　开关

TEC-8 实验台上有各类开关，分别用于数据输入、模式选择、信号切换等。

1. 数据开关 SD7～SD0

SD7～SD0 这 8 个双位开关用于向寄存器中写入数据、向存储器中写入程序或者用于设置存储器初始地址。当开关拨到朝上位置时该开关的值为"1"，拨到向下位置时为"0"。

2. 电平开关 K15～K0

K15～K0 这 16 个双位开关用于在实验时设置信号的电平。每个开关上方都有对应的接线孔，供接线使用。开关拨到朝上位置时该开关的值为"1"，拨到向下位置时为"0"。

3. 单微指令开关 DP

单微指令开关控制节拍脉冲信号 T1、T2、T3 的数目。当单微指令开关 DP 朝上时，处于单微指令运行方式，每按一次 QD 按钮，只产生一组 T1、T2、T3；当单微指令开关 DP 朝下时，处于连续运行方式，每按一次 QD 按钮，开始连续产生 T1、T2、T3，直到按一次 CLR 按钮或者控制器产生 STOP 信号为止。

4. 控制器转换开关

当控制器转换开关朝上时，使用硬连线控制器，对应的红色 LED 灯被点亮；当控制器转换开关朝下时，使用微程序控制器，对应的绿色 LED 灯被点亮；当控制器转换开关拨到中间位置时，通过手动方式产生控制信号，对应的黄色 LED 灯被点亮。

5. 编程开关

当编程（Program）开关朝下时，TEC-8 模型计算机处于正常工作状态；当编程开关朝上时，处于编程状态。在编程状态下，可通过单片机在系统中修改控制存储器中的微代码。

6. 操作模式开关 SWC、SWB、SWA

TEC-8 模型计算机可进行控制台操作、运行程序或按照固定步骤完成特定实验操作，它们通过模式开关 SWC、SWB、SWA 加以选择。

模式开关 SWC、SWB、SWA 确定的 TEC-8 模型计算机操作模式如表 1.3 所示。在表中列出的这些操作模式中，运行程序模式可以视为用户程序模式，读/写寄存器模式和读/写存储器模式则可视为系统操作模式，而表中列出的后三个可视为实验验证模式，它们通过微程序控制方式分别固化了对运算器、存储器和寄存器堆组的系列操作，学生通过观察这些操作的实验结果以及各种实验现象可以加深对运算器、存储器和寄存器堆组工作原理的理解。除了运行程序模式，进入其他工作模式时控制台操作指示灯 SELCTL 均会被点亮。

表 1.3　TEC-8 模型计算机操作模式

SWC	SWB	SWA	工作模式
0	0	0	启动程序运行
0	0	1	写存储器
0	1	0	读存储器
0	1	1	读寄存器
1	0	0	写寄存器
1	0	1	运算器组成实验
1	1	0	双端口存储器实验
1	1	1	数据通路实验

除了作为 TEC-8 模型计算机的操作模式选择开关外，SWC、SWB、SWA 还可在基于 Altera 可编程器件 EPM7128S CPLD 的大型综合设计实验中作为输入使用，例如，实验 0 用 SWC、SWB、SWA 选择 ALU 的运算类型。

1.6.4　接口与短路子

为了完成大型综合设计实验，往往需要将 TEC-8 计算机硬件综合实验系统与计算机连接起来，或者把 TEC-8 实验系统上的若干功能区连接起来，为此 TEC-8 计算机硬件综合实验系统设置了若干接口，其中：

J1 是一个 12 芯端接口，用于连接数码管部分；

J2 是一个 15 芯端 VGA 接口，用于 VGA 实验；

J3 是一个 RS232 串行接口，用于连接计算机修改微程序控制器芯片中的内容；

J4 是一个 12 芯端接口，用于连接指示灯部分；

J5 是一个 6 芯端接口，用于连接时钟源部分；

J6 是一个 34 芯端接口，用于连接 Altera 可编程器件 EPM7128S CPLD；

J7 是一个 JTAG 下载接口，用于连接计算机通过 USB-Blaster 电缆修改 EPM7128S 的内容；

J8 是一个 16 芯端接口，用于连接电平开关部分。

此外，为了控制各功能部件的通连情况，或为了在不同信号、不同模式中做出选择，TEC-8 计算机硬件综合实验系统设置了 11 个短路子，其中：

DZ1 用于控制扬声器部分的通连；

DZ2 用于控制数码管部分的通连；

DZ3～DZ8 用于选择被频率计测试的信号源；

DZ9 用于控制交通灯部分的通连；

DZ10 用于控制指示灯部分的通连；

DZ11[①]用于在正常模式和编程模式中做出选择。

在使用 TEC-8 计算机硬件综合实验系统进行相关实验操作时必须正确设置上述短路子。

1.7　数字逻辑与数字系统实验

除了进行"计算机组成原理"与"计算机系统结构"相关实验，TEC-8 实验系统还能够满足"数字逻辑与数字系统"课程进行大型综合设计实验的要求。

为了进行"数字逻辑与数字系统"课程大型综合设计实验，除了提供 1 片 Altera 可编程器件 EPM7128S CPLD 用于系统设计外，TEC-8 上安排了如下实验装置。

(1)6 个数码管及驱动电路、1 个喇叭及驱动电路、1 个 VGA 接口及驱动电路。

数码管 LG16～LG1 位于实验台的左上角，扬声器在数码管的下方位置，VGA 接口位于实验台右上角。

(2)12 个发光二极管及驱动电路。

12 个发光二极管位于数码管下方、扬声器的左边，按东、西、南、北方向设置，每个方向安排红、黄、绿三种颜色的发光二极管，用于模仿交通灯。

(3)1 个同时可产生 7 路时钟的信号发生器。

信号发生器产生的 7 路时钟的频率分别是 1MHz、100kHz、10kHz、1kHz、100Hz、10Hz、1Hz，占空比为 50%。其中 1MHz 信号就是 TEC-8 的主时钟信号 MF；100kHz、10kHz 信号可以通过短路子 DZ3 和 DZ4 进行 2 选 1 选择，产生信号 CP1；1kHz、100Hz 信号可以通过短路子 DZ5 和 DZ6 进行 2 选 1 选择，产生信号 CP2；10Hz、1Hz 信号可以通过短路子确认进行 2 选 1 选择，产生信号 CP3。**注意：短路子 DZ3 和 DZ4 不能同时短接；短路子 DZ5 和 DZ6 不能同时短接；短路子 DZ7 和 DZ8 不能同时短接。**

时钟信号 MF、CP1、CP2 和 CP3 通过接线孔输出，或者通过扁平电缆连接到 EPM7128S 的引脚。

---

① 短路子 DZ11 位于实验台右部 RS232 串口的正上方，印刷电路板上该短路子标识为 DZ1。

1.8　E²PROM 中微代码的修改

1. E²PROM 的两种工作方式

TEC-8 模型计算机中的 5 片 E²PROM(CM4～CM0)有两种工作方式：一种称为**正常**工作方式，作为控制存储器使用；另一种称为**编程**工作方式，用于修改 E²PROM 的微代码。当编程开关拨到"正常"位置，且短路子 DZ11 置于左边的"正常"位置时，TEC-8 可以正常做实验，CM4～CM0 作为控制存储器使用，在微程序控制模式下，控制存储器里面的微代码正常读出，供数据通路使用。当编程开关拨到"编程"位置，且短路子 DZ11 置于右边的"编程"位置时，CM4～CM0 只受 TEC-8 实验系统中的单片机 89S52 以及短路子 DZ11 的控制，用来对 5 片 E²PROM 编程。在编程状态下，不能进行正常实验。**特别提示：正常实验时编程开关的位置必须拨到"正常"位置，且短路子 DZ11 必须置于左边的"正常"位置，否则可能破坏 E²PROM 原先的内容。**

2. 安装 Prolific USB-to-Serical Comm Prot 驱动程序

PC 通过 RS232 串行通信方式和 TEC-8 实验系统中的单片机 89S52 通信，从而达到修改控制存储器 E²PROM 中微代码的目的，设备出厂时随机配备有相应的串口通信线。当前的 PC 大多不再有串口 COM，而是改用 USB 串口，因此需要一个驱动程序，将 USB 通信方式转换为 RS232 通信方式，这个驱动程序就是 PL2303_Prolific_DriverInstalle。设备出厂时提供的光盘上有这个驱动程序。

安装完驱动程序后，当第一次用出厂时提供的编程电缆将 PC 的一个 USB 串口和 TEC-8 实验系统上的 USB 串口连接时，PC 自动检测出安装了新硬件，并自动启动"安装新硬件驱动程序"服务，在 PC 屏幕上弹出"找到新的硬件向导"对话框，如图 1.5 所示。

直接单击"找到新的硬件向导"对话框右下角的"取消"按钮，采用其他方式安装，直接安装驱动即可。安装完毕后如图 1.6 所示。

图 1.5　"找到新的硬件向导"对话框

图 1.6　初安装完后串口状态

现在串口的端口号为 COM5，如果需要调整，则进行如下操作。

(1)在图 1.6 中 COM5 上右击"属性"选项，弹出如图 1.7 所示的端口属性对话框。

(2)在"端口属性"对话框中单击"端口设置"标签，打开如图 1.8 所示的对话框。

图 1.7　端口属性对话框　　　　　　　　图 1.8　端口设置

(3)在如图 1.8 所示的对话框中单击"高级"按钮，打开如图 1.9 所示的"COM5 的高级设置"对话框，并根据需要将 Prolific USB-to-Serical Comm Prot 的端口号更改成一个可用的端口号。端口号更改操作完成后，在"计算机管理"窗口中刷新即可看到更改后的端口号，如图 1.10 所示，当前的 Prolific USB-to-Serical Comm Prot 的端口号被更改成 COM1。

图 1.9　"COM5 的高级设置"对话框

图 1.10　设置完成的串口

3. 利用 COM 下载软件修改控存 CM4～CM0 的内容

随机附带的光盘里有一个"COM 下载软件"文件夹，这里提供了一个简便的控存下载程序。在 TEC-8 实验系统中，首先在 PC 上通过 COM 下载软件将新的 E^2PROM 数据下载到单片机中，由单片机完成对 E^2PROM 的编程，这就免除了先将控存芯片从设备上拔除，然后通过专门的编程器进行改写的麻烦。

1）编写二进制格式的微代码文件

微代码文件的格式是二进制。TEC-8 使用的 E^2PROM 的器件型号是 HN58C65。虽然 1 片 HN58C65 的容量是 2048B，但在 TEC-8 实验系统中作为控制存储器使用时，每片都只使用了 64B。因此在改写控制存储器内容时，首先需生成 5 个二进制文件，每个文件包含 64B。

2）COM 下载软件配置

打开"COM 下载软件"文件夹，右击 TEC-8COMDOWN.exe 文件，选择"以管理员身份运行"选项（图 1.11），打开如图 1.12 所示的"TEC-8 计算机组成原理"窗口。

图 1.11　以管理员身份运行 COM 下载软件

图 1.12　"TEC-8 计算机组成原理"窗口

3) 选择串口号

如图 1.12 所示，左上部的"端口"区域用于配置当前用于通信的串口相关信息。

"串口"下拉列表框用于选择串口号，这个串口号要与前面获得的 Prolific USB-to-Serical Comm Prot 的端口号一致。注意，具体的串口号根据 PC 和当时 PC 的具体环境而定，在用编程电缆将 PC 一个 USB 串口和 TEC-8 实验系统连接的情况下，可以在"设备管理器"中查询获得准确的串口号信息。

4) 设置波特率等参数

由于串口调试助手需要和 TEC-8 实验系统上的单片机通信，因此它设置的串口参数需要和单片机内设置的参数一致，即波特率为 2400 波特，数据位 8 位，无校验位，停止位 1 位。这些参数设置不正确将无法通信。

5) 连接编程电缆并改写控存内容

在 TEC-8 关闭电源的情况下，用出厂时提供的编程电缆将 PC 的一个 USB 串口和 TEC-8 实验系统上的 COM 串口相连。

将编程开关拨到"编程"位置，短路子 DZ11 设置到右边的"编程"位置。

打开 COM 下载软件，并设置好串口号和参数（如图 1.13 所示，这里使用的是 COM4 串口）。

单击"文件"区域中 CM0 右边的"打开"按钮，从计算机中选择控存 CM0 对应的二进制格式微代码文件；单击"文件"区域中 CM1 右边的"打开"按钮，从计算机中选择控存 CM1 对应的二进制格式微代码文件……。每打开一个文件，图 1.13 中窗口右侧的"微程序"区域即可显示对应二进制格式文件响应地址的内容（十六进制表示），可以在这里再次检查该内容是否正确。

图 1.13　设置 COM 下载软件相关参数并选择二进制微代码文件

编程也可以根据需要只对一个或者几个 E^2PROM 编程，不一定对 5 个 E^2PROM 全部编程。例如，如果准备修改 CM0，则勾选 CM0 前面的复选框。图 1.13 中所有的选择框均被选择，表明将改写全部 5 个控存的内容。

打开电源，按一下"单片机复位"按钮(在编程开关旁边)。

单击"操作"区域的"编程"按钮，开始发送微代码并通过单片机进行编程操作。

"TEC-8 计算机组成原理"窗口将开始出现进度提示(图 1.14)。

图 1.14　COM 下载软件进度提示

当相关控存芯片编程操作完成后，"信息"区域将提示操作结果(图 1.15)。

图 1.15　COM 下载软件操作结果信息

E²PROM 内容改写完成后，按一次 TEC-8 实验系统上的"单片机复位"按钮结束编程。

关闭电源，去掉 COM 通信线，将编程开关拨到"正常"位置，短路子 DZ11 设置到左边的"正常"位置。

第2章 计算机组成原理基本实验

2.1 寄存器读写实验

1. 实验类型

原理性+验证性。

2. 实验目的

(1)初步熟悉 TEC-8 计算机硬件实验系统的结构与组成;
(2)熟悉逻辑测试笔的使用方法;
(3)熟悉 TEC-8 模型计算机的节拍脉冲 T1、T2、T3;
(4)熟悉双端口通用寄存器堆的读写操作。

3. 实验设备[①]

(1)TEC-8 实验系统   1台
(2)逻辑测试仪(在 TEC-8 实验台上)   1支
(3)双踪示波器   1台
(4)直流万用表   1块

4. 实验原理

基于 TEC-8 计算机硬件综合实验系统开展实验,首先需要了解 TEC-8 模型计算机的基本时序。在 TEC-8 中,执行一条微指令(或者在硬连线控制器中完成 1 个机器周期)需要连续的 3 个节拍脉冲 T1、T2 和 T3。它们的时序关系如图 2.1 所示。

图 2.1 机器周期与 T1、T2、T3 时序关系图

---

① 所列实验设备中,TEC-8 实验台是必备的主设备,逻辑测试笔是作为 TEC-8 实验台的附件提供的,用于测量信号电平等。示波器和万用表作为备用设备,用于故障诊断等,可不提供。后续实验类似,不再赘述。

　　正是在这些时序与节拍、周期信号的具体"指挥"下，TEC-8 模型计算机才能够有条不紊地完成一系列操作。例如，对于运算器操作来说，在 T1 期间，在 ALU 的输入端产生 2 个参与运算的数、控制运算类型的信号和控制将运算结果以及进位标志等保存的信号，这些控制信号保持到 T3 结束。在 T2 期间，根据控制信号，完成某种运算功能；在 T3 的上升沿，保存运算的数据结果到一个 8 位寄存器，同时保存进位标志 C 和结果为 0 标志 Z。

　　寄存器读写实验的电路图如图 2.2 所示。

图 2.2　寄存器读写实验电路图

　　双端口寄存器堆由 1 片 EPM7064S(U45)(图 2.2 中用虚线围起来的部分)组成，内部包含 4 个 8 位寄存器 R0、R1、R2、R3，4 选 1 选择器 A，4 选 1 选择器 B 和 1 个 2-4 译码器。根据信号 RD1、RD0 的值，4 选 1 选择器 A 从 4 个寄存器中选择 1 个寄存器的值送往 ALU 的 A 端口。根据信号 RS1、RS0 的值，4 选 1 选择器 B 从 4 个寄存器中选择 1 个寄存器的值送往 ALU 的 B 端口。2-4 译码器对信号 RD1、RD0 进行译码，产生信号 LDR0、LDR2、LDR2、LDR3，任何时刻这 4 个信号中有且只有一个为"1"，其他信号为"0"。LDR3~LDR0 指示出被写的寄存器：当 DRW 信号为"1"时，若 LDR0 为"1"，则在 T3 的上升沿将数据总线 DBUS 上的数 D7~D0 写入 R0 寄存器，以此类推。当 DRW 信号为"0"时，禁止对寄存器进行写入操作。

　　数据开关 SD7~SD0 是 8 个双位开关。用手拨动这些开关，能够生成需要的值。数据开关驱动器 SWD 是 1 片 74244(U58)。在信号 SBUS 为"1"时，SD7~SD0 的值通过 SWD 送往数据总线 DBUS。在本实验中，使用数据开关 SD7~SD0 设置各个寄存器的值。

　　本实验中用到的信号归纳如表 2.1 所示。

表 2.1　寄存器读写实验用到的信号

信号	说明
RD1、RD0	选择送往 ALU 的 A 端口的寄存器
RS1、RS0	选择送往 ALU 的 B 端口的寄存器

续表

信号	说明
DRW	当它为 "1" 时，在 T3 上升沿对 RD1、RD0 选中的寄存器进行写操作，将数据总线 DBUS 上的数 D7~D0 写入选定的寄存器
SBUS	当它为 "1" 时，将数据开关的值送往数据总线 DBUS；当它为 "0" 时，禁止将数据开关的值送往数据总线 DBUS
ABUS	当它为 "1" 时，将 ALU 运算结果送往数据总线 DBUS；当它为 "0" 时，禁止 ALU 运算结果送往数据总线 DBUS
MBUS	当它为 "1" 时，将来自双端口存储器左端口的数据送往数据总线 DBUS；当它为 "0" 时，禁止将来自双端口存储器左端口的数据送往数据总线 DBUS
IABUS	当它为 "1" 时，将来自中断寄存器的内容送往数据总线 DBUS；当它为 "0" 时，禁止将来自中断寄存器的内容送往数据总线 DBUS
A7~A0	送往 ALU 的 A 端口的数
B7~B0	送往 ALU 的 B 端口的数
D7~D0	数据总线 DBUS 上的 8 位数

　　需要注意的是，数据总线 DBUS 有 4 个信号来源：运算器（受信号 ABUS 控制）、存储器（受信号 MBUS 控制）、数据开关（受信号 SBUS 控制）和中断地址寄存器（受信号 IABUS 控制），**在每一时刻只允许其中一个信号源送往数据总线**，换句话说就是**在每一时刻信号 ABUS、MBUS、SBUS、IABUS 中最多只能有 1 个有效，对于无效信号，则必须显式地给其赋 1 个值"0"**。本实验需要从数据开关经数据总线将数据送到寄存器堆，需要控制的信号只是 SBUS，但是为了避免其他信号对数据总线的干扰，ABUS、MBUS、IABUS 也需要加以控制。

　　"独立"信号控制方式实验中需要手动连线并通过拨位开关控制相应信号以完成数据的读写操作。需要说明的是，本实验台并未将信号 IABUS 通过接线孔引出来，因此不能通过连线进行控制，但是，在"独立"信号控制方式下，操作控制信号浮空（即没有接信号）相当于"0"，这就满足了上述要求。

　　用户在使用 TEC-8 模型计算机运行测试程序时，需要利用数据开关往寄存器中写入初始数据，或通过读寄存器方式从 A 端口或 B 端口查验运算结果等，因此寄存器读写操作是 TEC-8 模型计算机重要的人机交互手段之一。TEC-8 计算机硬件综合实验系统专门设计了写寄存器和读寄存器 2 种控制台操作模式，用来实现这 2 种人机交互操作。当操作模式开关 SWC=1、SWB=0、SWA=0 时进入写寄存器模式；当操作模式开关 SWC=0、SWB=1、SWA=1 时进入读寄存器模式。

　　进入写寄存器模式后，SELCTL=1，系统打开数据开关控制信号 SBUS、写寄存器允许信号 DRW，并依次使 SEL3~SEL2 为 00、01、10、11，使 SEL1~SEL0 为 11、00、01、10。当 SELCTL=1 时，RD1~RD0=SEL3~SEL2，RS1~RS0=SEL1~SEL0，这样，当第一次按 QD 按钮时，将此时数据开关 SD7~SD0 上的值送入 R0，并在 B 端口显示 R3 的值；当第二次按 QD 按钮时，将此时数据开关 SD7~SD0 上的值送入 R1，并在 B 端口显示 R0 的值（也就是上一拍写入 R0 的值）；当第三次按 QD 按钮时，写数据到 R2 同时在 B 端口显示 R1 的值；最后一拍，写数据到 R3 同时在 B 端口显示 R2 的值；当第四次按 QD 按钮时，退出写寄存器模式。

　　进入读寄存器模式后，SELCTL=1，系统第一拍使 SEL3~SEL2=00，SEL1~SEL0=01，将 R0 的内容送到 A 端口、R1 的内容送到 B 端口；第二拍使 SEL3~SEL2=10，SEL1~SEL0=11，

将 R2 的内容送到 A 端口、R3 的内容送到 B 端口；再按一下 QD 按钮则退出读寄存器模式。

上述读寄存器模式、写寄存器模式下的步骤都是固定的。对于读寄存器操作而言，如果只需要读取特定寄存器的内容，只需要忽略其他寄存器的内容即可；如果只是写某些寄存器，则要注意：如果某一次写寄存器操作中不需要写入的寄存器的内容无关紧要，则可以向其中写入任意值(相当于忽略了对这个寄存器的写操作)；如果本次不需要写入的寄存器的内容需要保持不变，则需要先通过读寄存器的方式把它的内容读取出来，然后按照步骤对应地把它写回去。

5. 实验任务

(1)用双踪示波器和逻辑测试笔测试节拍脉冲信号 T1、T2、T3；

(2)使用"独立"信号控制方式，按照表 2.2 分 2 组，分别向寄存器写入数据；

(3)使用"独立"信号控制方式，读取寄存器堆各寄存器的内容，检查上一步写入操作是否正确；

(4)在写寄存器模式下完成如表 2.2 所示的数据的写入；

(5)利用读寄存器模式检查上一步数据的写入是否正确。

表 2.2　寄存器堆写操作实验数据

分组	寄存器名	写入数据
1	R0	0FH
	R1	0F0H
	R2	55H
	R3	0AAH
2	R0	01H
	R1	02H
	R2	04H
	R3	08H

6. 实验步骤

1)实验准备

将控制器转换开关拨到"独立"位置，将编程开关和短路子 DZ11 设置为左边的"正常"位置，将开关 DP 拨到向上位置使模型机工作于单周期状态。

2)用逻辑测试笔测试节拍脉冲信号 T1、T2、T3

(1)将逻辑测试笔的一端插入位于 TEC-8 实验台正上方的"逻辑测试笔"插孔中，表笔端接位于实验台左下角的 T1 插孔。打开电源。

(2)按复位按钮 CLR，使时序信号发生器复位。

(3)按一次"逻辑测试笔"框内的 Reset 按钮，使逻辑测试笔上的脉冲计数器复位，2 个黄灯 D1、D0 均灭，即 D1、D0 的状态为"00"。

(4)按一次启动按钮 QD，这时指示灯 D1、D0 的状态应为"01"，指示产生了一个 T1 脉冲；如果再按一次 QD 按钮，则指示灯 D1、D0 的状态应当为"10"，表示又产生了一个 T1 脉冲；继续按 QD 按钮，可以看到**在单周期运行方式下，每按一次 QD 按钮，就产生一个 T1**

脉冲，D1～D0 的状态为"00-01-10-11"循环。

（5）用同样的方法测试 T2、T3。

（6）关闭电源。

3）以"独立"信号控制方式进行寄存器读写

（1）连线。

根据前面的分析知，以"独立"信号控制方式进行寄存器读写时，信号 RD1、RD0、RS1、RS0、DRW、SBUS 需要手动控制，而信号 ABUS、MBUS、IABUS 只需要让其固定为低电平即可完成本次实验，因此，本实验的接线表如表 2.3 所示。

表 2.3　以"独立"信号控制方式进行寄存器读写实验接线表

开关名	信号名	值	备注	开关名	信号名	值	备注
K5	RD1			K0	SBUS		
K4	RD0				ABUS	GND	固定接地
K3	RS1				MBUS	GND	固定接地
K2	RS0				IABUS	GND	固定接地
K1	DRW						

注：在"独立"信号控制方式下将表中固定接地的信号浮空即相当于对其赋值 GND。

按照表 2.3 完成连线，并仔细检查，确保无错接、漏接、虚接。

特别提醒：

①TEC-8 计算机硬件综合实验系统实验导线**采用自锁紧设计**，接入导线时，先将导线插头接入接线孔，然后捏住导线插头顺时针旋转 90°，导线即锁紧、固定；反之，若要拆除导线，则要先捏住导线插头逆时针转动 90°～180°，待松动后轻轻拔出导线插头。严禁蛮力拉扯拔拽导线或晃动导线插头等操作，以免导线或导线插头断裂。

②插拔导线必须在设备电源关闭情况下进行，严禁带电插拔导线或插拔、按压芯片，严禁导线串接或只接一端导线，以免损坏器件、导致设备损坏。

接线完成后，再打开电源，按一下系统复位按钮 CLR，使 TEC-8 处于初始状态。

（2）向寄存器堆写入数据。

写入第 1 组操作数后要使 R0=0F0H，R1=10H，R2=55H，R3=0AAH。

从图 2.2 中可以看出，现在是要从数据开关 SD7～SD0 经数据总线 DBUS 将数据写入寄存器，而目的寄存器由 RD1～RD0 确定，因此需要使 RD1～RD0=00，SBUS=1DRW=1，其余信号均为"0"，即为了将 0F0H 送入寄存器 R0，需先按照表 2.4 设置相应的值以打开数据通路。

表 2.4　以"独立"信号控制方式写寄存器 R0 时的信号值

开关名	信号名	值	备注	开关名	信号名	值	备注
K5	RD1			K2	RS0		
K4	RD0			K1	DRW	1	
K3	RS1			K0	SBUS	1	

注：表中信号值为"1"表示需要将该开关拨到向上位置；信号值为空表示值为"0"，需要将该开关拨到向下位置。

将数据开关 SD7～SD0 设置为 0F0H（即 11110000B）。由于 ABUS、MBUS、IABUS 均设

置成"0"，只有 SBUS 设置成"1"，因此数据开关上设置的值立即被送到数据总线，可通过 D7～D0 观察所设置的值是否正确。

设置完成后，按一次 QD 按钮，将会产生 1 组 T1、T2、T3，数据 0F0H 被送往 R0。

从图 2.2 中可以看出，A 端口的数据由 RD1、RD0 通过 4 选 1 选择器确定，由于 RD1～RD0=00，故此时 A 端口应该显示寄存器 R0 的值。因此，此时通过观察 A7～A0 的值可以判断是否完成了正确写入。与此同时，B 端口的数据由 RS1、RS0 通过 4 选 1 选择器确定，由于 RS1～RS0=00，故此时 B 端口也应该显示寄存器 R0 的值。

为了将 10H 送入寄存器 R1，需要改变目的寄存器号为 01，并更改数据开关上的数为 10H。此时的信号值如表 2.5 所示。

表 2.5　以"独立"信号控制方式写寄存器 R1 时的信号值

开关名	信号名	值	备注	开关名	信号名	值	备注
K5	RD1			K2	RS0		
K4	RD0	1		K1	DRW	1	
K3	RS1			K0	SBUS	1	

注：表中信号值为"1"表示需要将该开关拨到向上位置；信号值为空表示值为"0"，需要将该开关拨到向下位置。

按照表 2.5 设置相应的值，并设置 SD7～SD0=10H，按一次 QD 按钮，数据 10H 被送往 R1。

由于 RD1～RD0=01B，故此时 A 端口应该显示寄存器 R1 的值；而 RS1～RS0=00B，故此时 B 端口仍显示寄存器 R0 的值。此时通过观察 A7～A0 的值可以判断是否完成了正确写入 R1，通过观察 B7～B0 的值可并检查 R0 中的数据是否仍然正确。

按照表 2.6 设置信号值，并使 SD7～SD0=55H，按一次 QD 按钮，数据 55H 被送往 R2。

表 2.6　以"独立"信号控制方式写寄存器 R2 时的信号值

开关名	信号名	值	备注	开关名	信号名	值	备注
K5	RD1	1		K2	RS0	1	
K4	RD0			K1	DRW	1	
K3	RS1			K0	SBUS	1	

注：表中信号值为"1"表示需要将该开关拨到向上位置；信号值为空表示值为"0"，需要将该开关拨到向下位置。

操作完成后，A 端口应该显示寄存器 R2 的值，B 端口应显示寄存器 R1 的值。

按照表 2.7 设置信号值，并使 SD7～SD0=0AAH，按一次 QD 按钮，数据 0AAH 被送往 R3。

表 2.7　以"独立"信号控制方式写寄存器 R3 时的信号值

开关名	信号名	值	备注	开关名	信号名	值	备注
K5	RD1	1		K2	RS0	0	
K4	RD0	1		K1	DRW	1	
K3	RS1	1		K0	SBUS	1	

注：表中信号值为"1"表示需要将该开关拨到向上位置；信号值为空表示值为"0"，需要将该开关拨到向下位置。

操作完成后，A 端口应该显示寄存器 R3 的值，B 端口应显示寄存器 R2 的值。

(3) 从寄存器堆读出数据。

由图 2.2 可以发现，寄存器内容读出以后总是被送往 ALU 的 2 个端口(A 端口、B 端口)之一，且读出寄存器内容无需时序信号(如 T1、T2 或 T3 等)的介入，只要 4 选 1 选择器 A 的输入端 RD1~RD0 或 4 选 1 选择器 B 的输入端 RS1~RS0 的值确定，指定寄存器的内容即被送往相应的端口，因此上面写寄存器操作中使用到的信号 DRW、SBUS 等不影响对相关寄存器的读操作。但是注意，为了保证计算机不会被"不相干"的操作或信号影响，往往要求将这些"不相干"信号置为无效状态。

如不改变连线，则进行读寄存器堆操作时的可先按照表 2.8 设置相关信号值。

表 2.8　以"独立"信号控制方式读寄存器堆时的信号值

开关名	信号名	值	备注	开关名	信号名	值	备注
K5	RD1			K2	RS0		
K4	RD0			K1	DRW		固定为低
K3	RS1			K0	SBUS		固定为低

注：表中信号值为"1"表示需要将该开关拨到向上位置；信号值为空表示值为"0"，需要将该开关拨到向下位置。

进行寄存器读操作，可以从 A 端口读，也可以从 B 端口读，还可以从 2 个端口同时读。读出时，在 RD1~RD0 设置寄存器号，该寄存器的内容就被读出到 A 端口；在 RS1~RS0 指定寄存器号，该寄存器的内容就被读出到 B 端口。

改变 RD1~RD0 的值，分别从 A 端口读出 R0、R1、R2、R3 的值，并与前面的写入操作对照；改变 RS1~RS0 的值，分别从 B 端口读出 R0、R1、R2、R3 的值，并与前面的写入操作对照；同时改变 RD1~RD0 和 RS1~RS0 的值，分别从 A 端口和从 B 端口读出 R0、R1、R2、R3 的值，并与前面的写入操作对照。

除了并行读出，双端口寄存器还支持并行实现左端口写和右端口读操作。事实上，前面在进行寄存器写入操作的同时，我们通过 B 端口可以检查上一步写入的寄存器的内容，这其实就利用了左端口写和右端口读并行操作。

重复上述信号值设置、数据设置等过程，写入第 2 组操作数使 R0=01H,R1=02H,R2=04H,R3=08H，并通过读寄存器方式检查写入的数据是否正确。

"独立"信号控制方式实验结束，**先关闭电源，再拆除连线**。

4)用控制台操作进行寄存器读写

(1)设置写寄存器模式。

将控制器转换开关拨到"微程序"位置，将编程开关和短路子 DZ11 设置为左边的"正常"位置。

打开电源，按复位按钮 CLR，使 TEC-8 实验系统复位。指示灯 μA5~μA0 显示 00H，这表示当前即将执行的微指令的地址为 00H。

将操作模式开关设置为 SWC=1、SWB=0、SWA=0，准备进入写寄存器模式。

按一次 QD 按钮，产生一组节拍脉冲信号 T1、T2、T3，执行当前的微指令，并经过多路转移之后产生微程序分支，进入写寄存器模式。此时 SELCTL 绿色指示灯被点亮，表明系统进入控制台操作状态，RD1~RD0 和 RS1~RS0 的值由 SEL3~SEL2 和 SEL1~SEL0 确定。

(2) 将第 1 组数据写入写寄存器。

当前指示灯 μA5～μA0 显示 09H，NμA5～NμA0 显示 08H，表明当前微地址为 09H，下一条微指令地址为 08H。观察微操作控制信号，发现 DRW=1，SBUS=1，表明此时允许从数据开关 SD7～SD0 将数据送入寄存器堆；SEL3～SEL2=00，表明将被写入的是寄存器 R0；SEL1～SEL0=01，表明 B 端口显示的是当前寄存器 R1 的值。因为此前并没有向寄存器 R1 写入数据，或者说此时我们并不关心寄存器 R1 的值，这里可以先忽略 B 端口显示的内容。

在数据开关上设置 SD7～SD0=0FH，按一下 QD 按钮，将 0FH 送入寄存器 R0，进入下一拍。

当前指示灯 μA5～μA0 显示 08H，NμA5～NμA0 显示 0AH，表明当前微地址确实为 08H，下一条微指令地址则为 0AH；SEL3～SEL2=01，SEL1～SEL0=00，其余信号不变，表明即将把来自数据开关 SD7～SD0 的数据写入寄存器 R1，B 端口显示的是当前寄存器 R0 的值。此时通过 B 端口可以观察上一步写入寄存器 R0 的操作是否正确。

在数据开关上设置 SD7～SD0=0F0H，按一下 QD 按钮，将 0F0H 送入寄存器 R1，进入下一拍。

当前指示灯 μA5～μA0 显示 0AH，NμA5～NμA0 显示 0CH，表明当前微地址确实为 0AH，下一条微指令地址则为 0CH；SEL3～SEL2=10，SEL1～SEL0=01，其余信号不变，表明即将把来自数据开关 SD7～SD0 的数据写入寄存器 R2，B 端口显示的是当前寄存器 R1 的值。此时通过 B 端口可以观察上一步写入寄存器 R1 的操作是否正确。

在数据开关上设置 SD7～SD0=55H，按一下 QD 按钮，将 55H 送入寄存器 R2，进入下一拍。

当前指示灯 μA5～μA0 显示 0CH，NμA5～NμA0 显示 00H，表明当前微地址确实为 0CH，下一条微指令地址则为 00H；SEL3～SEL2=11，SEL1～SEL0=10，其余信号不变，表明即将把来自数据开关 SD7～SD0 的数据写入寄存器 R3，B 端口显示的是当前寄存器 R2 的值。此时通过 B 端口可以观察上一步写入寄存器 R2 的操作是否正确。

在数据开关上设置 SD7～SD0=0AAH，按一下 QD 按钮，将 0AAH 送入寄存器 R3。

此时指示灯 μA5～μA0 显示 00H，绿色指示灯 SETCTL 不再被点亮，表明系统已退出操作台控制方式，写寄存器操作结束。

(3) 设置读寄存器模式。

紧接上一步，此时指示灯 μA5～μA0 显示 00H，表明系统处于初始状态。如果不在初始状态，按复位按钮 CLR，即可使 TEC-8 实验系统复位，回到初始状态。

将操作模式开关设置为 SWC=0，SWB=1，SWA=1，准备进入读寄存器模式。

按一次 QD 按钮，产生一组节拍脉冲信号 T1、T2、T3，执行当前的微指令，并经过多路转移之后产生微程序分支，进入读寄存器模式。此时 SELCTL 绿色指示灯被点亮，表明系统进入控制台操作状态，RD1～RD0 和 RS1～RS0 的值由 SEL3～SEL2 和 SEL1～SEL0 确定。

(4) 读出寄存器堆的内容。

当前指示灯 μA5～μA0 显示 07H、NμA5～NμA0 显示 06H，表明当前微地址为 07H，下一条微指令地址为 06H。此时 SEL3～SEL2=00，表明 A 端口显示的是寄存器 R0 的值；SEL1～SEL0=01，表明 B 端口显示的是寄存器 R1 的值。读出这 2 个值，检查其是否正确。

按一下 QD 按钮，进入下一拍。

此时指示灯 μA5～μA0 显示 06H、NμA5～NμA0 显示 00H，表明当前微地址确实是 06H，下一条微指令地址为 00H。此时 SEL3～SEL2=10，表明 A 端口显示的是寄存器 R2 的值；SEL1～SEL0=11，表明 B 端口显示的是寄存器 R3 的值。读出这 2 个值，检查是否正确。

按一下 QD 按钮，此时指示灯 μA5～μA0 显示 00H、绿色指示灯 SETCTL 不再被点亮，表明系统已退出操作台控制方式，读寄存器操作结束。

(5) 写第 2 组数并读出。

紧接上一步，此时指示灯 μA5～μA0 显示 00H，表明系统处于初始状态。如果不在初始状态，按复位按钮 CLR，即可使 TEC-8 实验系统复位，回到初始状态。

将操作模式开关设置为 SWC=1，SWB=0，SWA=0，准备进入写寄存器模式。

按一次 QD 按钮，进入写寄存器模式，依次将 01H、02H、04H、08H 写入 R0、R1、R2、R3。

将操作模式开关设置为 SWC=0，SWB=1，SWA=1，准备进入读寄存器模式。

按一次 QD 按钮，进入读寄存器模式，然后分别读出寄存器 R0、R1、R2、R3 的内容。

实验结束，关闭电源。

7. 实验要求

(1) 做好实验预习，掌握寄存器堆相关控制信号的含义。

(2) 按照实验步骤完成实验操作。在每一次按下 QD 按钮之前注意观察此时的各种微操作控制信号的值以及各种状态信号的值，分析出现这些信号表明 TEC-8 模型计算机将要做什么操作；在每一次按下 QD 按钮之后，注意分析哪些信号发生了改变。

(3) 写出实验报告，内容是：
①实验目的。
②实验内容和实验步骤。
③根据实验结果记录的实验数据。
④结合实验中观察到的实验现象对相关原理、方法等的分析、研究与探索等。

8. 可探索和研究的问题

控制台方式进行写寄存器操作时，除了上面提到的微操作控制信号 DRW、SBUS，还有哪些信号是有效的？它们代表什么含义？读寄存器操作过程中呢？

2.2　运算器组成实验

1. 实验类型

原理性+分析性。

2. 实验目的

(1) 熟悉运算器的数据传送通路；
(2) 完成指定的算术、逻辑运算，验证 74181 的加、减、与、或功能。

3. 实验设备

(1) TEC-8 实验系统　　　　　　　　1 台
(2) 逻辑测试笔(在 TEC-8 实验台上)　　1 支
(3) 双踪示波器　　　　　　　　　　1 台
(4) 直流万用表　　　　　　　　　　1 块

4. 实验电路

图 2.3 是运算器组成实验的电路图。

图 2.3　运算器组成实验电路图

TEC-8 模型机中运算器操作在 1 个机器周期内(含 1 组 T1、T2、T3)完成。在 T1 期间,产生 2 个 8 位参与运算的数:被加数 A 和加数 B;产生控制运算类型的信号 M、S3、S2、S1、S0 和 CIN;产生控制写入 Z 标志寄存器的信号 LDZ 和控制写入 C 标志寄存器的信号 LDC;产生将运算的数据结果送往数据总线 DBUS 的控制信号 ABUS。这些控制信号保持到 T3 结束。在 T2 期间,根据控制信号,完成某种运算功能;在 T3 的上升沿,保存运算的数据结果到一个 8 位寄存器中,同时保存进位标志 C 和结果为 0 标志 Z。

图 2.3 中,ALU 由 2 片 74181(U46 和 U47)、1 片 7474、1 片 74244、1 片 74245 和 1 片 7430 构成。74181 完成算术逻辑运算,74245 和 7430 产生 Z 标志,7474 保存标志 C 和标志 Z。ALU 对 A7~A0 和 B7~B0 上的 2 个 8 位数据进行算术逻辑运算,运算后的数据结果在

信号 ABUS 为"1"时送往数据总线 DBUS(D7~D0)，运算后的标志结果在 T3 的上升沿保存进位标志位 C 和结果为 0 标志位 Z。加法和减法同时影响 C 标志和 Z 标志，与操作和或操作只影响 Z 标志。

表 2.9 给出了 74181 正逻辑下的功能表，其中，"+"表示逻辑加(即按位或)；"加"表示算术加；"减"表示算术减。74181 能执行 16 种算术运算和 16 种逻辑运算，状态控制端 M 为高(H)时执行逻辑运算；M 为低(L)时执行算术运算。运算选择控制端 S3S2S1S0 决定 ALU 具体执行哪一种算术或逻辑运算。

值得注意的是，表 2.9 中的部分运算功能并无实际意义，表中粗体部分给出的则是 TEC-8 实际用到的运算功能。

表 2.9 SN74181 功能表(正逻辑)

S3S2S1S0	M=H 逻辑运算	M=L 算术运算	
		CIN=1	CIN=0
0000	!A	A	**A 加 1**
0001	!(A+B)	A+B	(A+B)加 1
0010	!A•B	A+!B	(A+!B)加 1
0011	逻辑 0	减 1(全"1")	0(全"0")
0100	!(A•B)	A 加(A•!B)	A 加(A•!B)加 1
0101	!B	(A•!B)加(A+B)	(A•!B)加(A+B)加 1
0110	A⊕B	A 减 B 减 1	**A 减 B**
0111	A•!B	(A•!B)减 1	A•!B
1000	!A+B	A 加(A•B)	A 加(A•B)加 1
1001	!(A⊕B)	**A 加 B**	A 加 B 加 1
1010	**B**	(A•B)加(A+!B)	(A•B)加(A+!B)加 1
1011	**A•B**	(A•B)减 1	A•B
1100	逻辑 1	A 加 A	A 加 A 加 1
1101	A+!B	A 加(A+B)	A 加(A+B)加 1
1110	**A+B**	A 加(A+!B)	A 加(A+!B)加 1
1111	**A**	A 减 1	A

应当指出，74181 只是许多种能做算术逻辑运算器件中的一种器件，这里它仅作为一个例子使用。

74181 能够进行 4 位的算术逻辑运算，2 片 74181 级联在一起能够进行 8 位运算，3 片 74181 级联在一起能够进行 12 位运算，以此类推。级联方式就是将低 4 位 74LS181 的进位输出引脚 $\overline{C_{n+4}}$ 与高 4 位 74LS181 的进位输入引脚 $\overline{C_n}$ 连接。在 TEC-8 模型计算机中，U42 完成低 4 位运算，U41 完成高 4 位运算，二者级联在一起，完成 8 位运算。在 ABUS 为"1"时，运算得到的数据结果送往数据总线 DBUS。

再次强调，数据总线 DBUS 有 4 个信号来源：运算器(受信号 ABUS 控制)、存储器(受信号 MBUS 控制)、数据开关(受信号 SBUS 控制)和中断地址寄存器(受信号 IABUS 控制)。在每一时刻只允许其中一个信号源送往数据总线，即在每一时刻信号 ABUS、MBUS、SBUS、IABUS 中最多只能有 1 个有效，对于无效信号，必须显式地给其赋 1 个值"0"。

本实验中用到的信号归纳如表 2.10 所示。

表 2.10　运算器组成实验用到的信号

信号	说明
M、S3、S2、S1、S0	控制 74181 的算术逻辑运算类型
CIN	低位 74181 的进位输入
SEL3、SEL2	相当于图 2.3 中的 RD1、RD0，选择送往 ALU 的 A 端口的寄存器
SEL1、SEL0	相当于图 2.3 中的 RS1、RS0，选择送往 ALU 的 B 端口的寄存器
DRW	为"1"时，在 T3 上升沿对 RD1、RD0 选中的寄存器进行写操作，将数据总线 DBUS 上的数 D7~D0 写入选定的寄存器
LDC	为"1"时，在 T3 的上升沿将运算得到的进位保存到 C 标志寄存器(即**无论进位为何，也无论 C 中原有值为何，均需改写 C 标志寄存器的值**)
LDZ	它为"1"时，如果运算结果为 0，在 T3 的上升沿将"1"写入 Z 标志寄存器；如果运算结果不为 0，在 T3 的上升沿将"0"保存到 Z 标志寄存器(即**无论结果是否为 0，均需改写 Z 标志寄存器**)
ABUS	当它为"1"时，将 ALU 运算结果送往数据总线 DBUS；当它为"0"时，禁止 ALU 运算结果送往数据总线 DBUS
SBUS	当它为"1"时，将数据开关的值送往数据总线 DBUS；当它为"0"时，禁止将数据开关的值送往数据总线 DBUS
SELCTL	当它为"1"时，TEC-8 实验系统处于控制台状态；当它为"0"时，TEC-8 实验系统处于运行程序状态
A7~A0	送往 ALU 的 A 端口的数
B7~B0	送往 ALU 的 B 端口的数
D7~D0	数据总线 DBUS 上的 8 位数
C	进位标志(注：其值由 ALU 最高位进位信号 $\overline{C_{n+4}}$ 取反得到，因此有进位时为"1"，无进位时为"0")
Z	结果为 0 标志：为"1"表示运算结果为 0；为"0"表示运算结果非 0

在"独立"信号控制方式下，需要根据操作**手动设置上述信号中微操作控制信号的值**，并记录每一实验步骤对应的数据以及标志位的内容。

在"微程序"信号控制方式下，上述信号都有对应的指示灯。当指示灯灯亮时，表示对应的信号为"1"；当指示灯不亮时，对应的信号为"0"。实验过程中，对每一个实验步骤，都要记录上述信号(可以不记录 SELCTL)以及对应的数据和标志位的内容。另外在"微程序"信号控制方式下，还有信号指示灯 μA5~μA0 的值需要记录，它用来指示当前微地址。

应当指出，74181 对减法运算采用的是补码运算方式，即先求得[−减数]的补码(按位取反，末位加 1)，然后和被减数的补码相加的方式完成。因此一个较大的数减去一个较小的数，或者 2 个相等的数相减时将产生进位。

本实验项目的主要目的在于探究运算器的组成与工作原理，因此需要实验者利用"脱机"工作模式，将控制运算器进行相关运算的各种操作控制信号分别连接到拨位开关 K15~K0，并通过这些开关分别设置相关信号，完成对测试数据的各种运算。

作为对比，TEC-8 将运算器功能测试相关步骤"固化"，并通过微程序控制方式将各个环节所需操作控制信号写成微代码存放于控存中，只需将模型机设置成"微程序"信号控制方式，且将操作模式开关设置为 SWC=1，SWB=0，SWA=1，按一下 QD 按钮进入运算器组成实验模式，即**根据微操作控制信号进行相关操作**，并完成本实验项目。

5. 实验任务

(1) 分别在"独立"和"微程序"信号控制方式下对如表 2.11 所示的 7 组数据进行加、减、与、或运算，并将结果填入表中。

表 2.11　运算器组成实验结果数据表

实验数据		加法运算			减法运算			与运算		或运算	
数 A	数 B	运算结果	C 标志	Z 标志	运算结果	C 标志	Z 标志	运算结果	Z 标志	运算结果	Z 标志
0F0H	10H										
10H	0F0H										
03H	05H										
0AH	0AH										
0FFH	0AAH										
55H	0AAH										
0C5H	61H										

(2) 在"独立"信号控制方式下验证 74LS181 的功能。

设置操作数 A=R0=55H，B=01H，通过手动方式改变相关控制信号，分别验证正逻辑 74LS181 的功能，将结果填入表 2.12 和表 2.13 中。

表 2.12　74LS181 算术运算功能测试(A=R0=55H，B=01H)

S3S2S1S0	CIN=1				CIN=0			
	功能描述	结果	C	Z	功能描述	结果	C	Z
0000	A				A 加 1			
0001	A+B				(A+B)加 1			
0010	A+!B				(A+!B)加 1			
0011	减 1(全"1")				0(全"0")			
0100	A 加(A•!B)				A 加(A•!B)加 1			
0101	(A•!B)加(A+B)				(A•!B)加(A+B)加 1			
0110	A 减 B 减 1				A 减 B			
0111	(A•!B)减 1				A•!B			
1000	A 加(A•B)				A 加(A•B)加 1			
1001	A 加 B				A 加 B 加 1			
1010	(A•B)加(A+!B)				(A•B)加(A+!B)加 1			
1011	(A•B)减 1				A•B			
1100	A 加 A				A 加 A 加 1			
1101	A 加(A+B)				A 加(A+B)加 1			
1110	A 加(A+!B)				A 加(A+!B)加 1			
1111	A 减 1				A			

6. 实验步骤

1) 以"独立"信号控制方式进行加、减、与、或运算

(1)实验准备。

表 2.13　74LS181 逻辑运算功能测试(A=55H，B=01H)

$S_3S_2S_1S_0$	功能描述	结果	Z
0000	!A		
0001	!(A+B)		
0010	!A•B		
0011	逻辑 0		
0100	!(A•B)		
0101	!B		
0110	A⊕B		
0111	A•!B		
1000	!A+B		
1001	!(A⊕B)		
1010	B		
1011	A•B		
1100	逻辑 1		
1101	A+!B		
1110	A+B		
1111	A		

将控制器转换开关拨到"独立"位置，将编程开关和短路子 DZ11 设置为左边的"正常"位置。将开关 DP 拨到向上位置使模型机工作于单周期状态。

(2)连线。

本实验需要的操作控制信号为 M、S3、S2、S1、S0、CIN、RD1、RD0、RS1、RS0、DRW、LDC、LDZ、ABUS、SBUS、SELCTL、MBUS、IABUS，其中应该使 MBUS、IABUS 均固定为"0"以防止来自存储器和中断寄存器的值送入数据总线 DBUS。另外，SELCTL 用于选择 RD1、RD0、RS1、RS0 的来源，但本次实验中的"独立"信号控制方式下的这些信号由手动控制，因此 SELCTL 信号可以不加考虑。

据此，本实验的接线表如表 2.14 所示。

表 2.14　以"独立"信号控制方式进行运算器组成实验接线表

开关名	信号名	值	备注	开关名	信号名	值	备注
K15	M			K6	RS0		
K14	S3			K5	DRW		
K13	S2			K4	LDC		
K12	S1			K3	LDZ		
K11	S0			K2	ABUS		
K10	CIN			K1	SBUS		
K9	RD1			K0			空闲，备用
K8	RD0				MBUS	GND	固定接地
K7	RS1				IABUS	GND	固定接地

注：在"独立"信号控制方式下将表中固定接地的信号浮空即相当于对其赋值 GND。

按照表 2.14 完成连线，并仔细检查，确保无错接、漏接、虚接。

接线完成后，打开电源，按一下系统复位按钮 CLR，使 TEC-8 处于初始状态。

（3）输入第 1 组操作数。

第 1 组操作数中 A=0F0H，B=10H，下面需要将 0F0H 送入寄存器 R0，将 10H 送入寄存器 R1。当然也可以将它们分别送入其他寄存器，只需要在下面进行运算时对应起来即可。

为了将 0F0H 送入寄存器 R0，先按照表 2.15 设置相应的值。

表 2.15　"独立"信号控制方式下输入第 1 个数据时的信号值

开关名	信号名	值	备注	开关名	信号名	值	备注
K15	M			K7	RS1		
K14	S3			K6	RS0		
K13	S2			K5	DRW	1	
K12	S1			K4	LDC		
K11	S0			K3	LDZ		
K10	CIN			K2	ABUS		
K9	RD1			K1	SBUS	1	
K8	RD0			SD7～SD0	SD7～SD0	0F0H	=D7～D0

注：表中信号值为"1"表示需要将该开关拨到向上位置；信号值为空表示值为"0"，需要将该开关拨到向下位置。

在这里，由于 ABUS、MBUS、IABUS 均设置成"0"，只有 SBUS 被设置成"1"，因此数据开关上设置的值立即被送到数据总线，可通过 D7～D0 观察所设置的值是否正确。

设置完成后，按一次 QD 按钮，将会产生 1 组 T1、T2、T3，数据 0F0H 被送往 R0。

从图 2.3 中可以看出，A 端口的数据由 RD1、RD0 通过 4 选 1 选择器确定，由于 RD1～RD0=00，故此时 A 端口应该显示寄存器 R0 的值。此时通过观察 A7～A0 的值可以判断是否完成了正确写入。与此同时，B 端口的数据由 RS1、RS0 通过 4 选 1 选择器确定，由于 RS1～RS0=00，故此时 B 端口也应该显示寄存器 R0 的值。

为了将 10H 送入寄存器 R1，先按照表 2.16 设置相应的值。

表 2.16　"独立"信号控制方式下输入第 2 个数据时的信号值

开关名	信号名	值	备注	开关名	信号名	值	备注
K15	M			K7	RS1		
K14	S3			K6	RS0		
K13	S2			K5	DRW	1	
K12	S1			K4	LDC		
K11	S0			K3	LDZ		
K10	CIN			K2	ABUS		
K9	RD1			K1	SBUS	1	
K8	RD0	1		SD7～SD0	SD7～SD0	10H	=D7～D0

注：表中信号值为"1"表示需要将该开关拨到向上位置；信号值为空表示值为"0"，需要将该开关拨到向下位置。

设置完成后，按一次 QD 按钮，数据 10H 被送往 R1。

由于 RD1～RD0=01，故此时 A 端口应该显示寄存器 R1 的值；而 RS1～RS0=00，故此时 B 端口仍显示寄存器 R0 的值。此时通过观察 A7～A0 的值可以判断是否完成了正确写入，通过观察 B7～B0 的值可判断第 1 个操作数是否仍然正确。

当然，此时若拨动开关 K9、K8 或 K7、K6 改变相应信号的值可以从 A、B 端口分别显示想观察的任意寄存器的值。若数据写入正确，可继续进行下面的操作；否则，重新写入数据。

(4) 加法运算。

这里进行加法运算的 2 个数中被加数来自 R0，加数来自 R1，因此需要设置 RD1～RD0=00，RS1～RS0=01；实验中需要观察计算结果，因此应使 ABUS=1。注意，74LS181在进行算术逻辑运算时，会将结果送到 RD1～RD0 指示的寄存器中，此时需要使写寄存器允许信号 DRW=1，但是本节实验只需要观察并记录实验结果，无须保存结果数据，且这里是对同一组数据分别进行加、减、与、或等运算，为简化操作，这里不给出写寄存器允许信号 DRW。

根据 74LS181 的功能表知，进行加法运算时应使 M=0，S3S2S1S0=1001，CIN=1。由于加法运算影响 C 标志和 Z 标志，因此需要使 LDC=1，LDZ=1，以便在 T3 上升沿到来时保存相应标志位的值。

综上，应按照表 2.17 设置相应开关。

表 2.17　"独立"信号控制方式下进行加法运算时的信号值

开关名	信号名	值	备注	开关名	信号名	值	备注
K15	M			K7	RS1		
K14	S3	1		K6	RS0	1	
K13	S2			K5	DRW		
K12	S1			K4	LDC	1	
K11	S0	1		K3	LDZ	1	
K10	CIN	1		K2	ABUS	1	
K9	RD1			K1	SBUS		
K8	RD0						

注：表中信号值为"1"表示需要将该开关拨到向上位置；信号值为空表示值为"0"，需要将该开关拨到向下位置。

由于 74LS181 是纯组合电路，一旦输入端数据准备好，在输出端立即可看到运算结果。这里 ALU 送往数据总线的开关是打开的，因此，当上述开关设置完成后，数据总线上立即可以看到运算结果。此时实验台上应观察到的数据如表 2.18 所示。

表 2.18　加法运算所需操作控制信号给出后的显示结果

信号灯	值	备注
A7～A0	0F0H	被加数，同时也是目的操作数
B7～B0	10H	加数
D7～D0	00H	加法运算的结果

在进行加法运算的同时，进位标志 C、结果为 0 标志 Z 的值也同时产生，但是这两个值需要在 T3 的上升沿时才被送入相应的触发器保存，因此此时并不能观察到这些值(即此时进位标志灯 C、结果为 0 标志灯 Z 仍然显示加法运算之前的结果)。

按一次 QD 按钮，产生 1 组 T1、T2、T3，将 C 和 Z 的值写入相应的触发器保存。

此时可通过进位标志灯 C、结果为 0 标志灯 Z 观察到最终的 C 和 Z 的值。

记录观察到的结果，填入表 2.11 中的相应位置。

（5）减法运算。

按照表 2.19 设置相应开关。

表 2.19　"独立"信号控制方式下进行减法运算时的信号值

开关名	信号名	值	备注	开关名	信号名	值	备注
K15	M			K7	RS1		
K14	S3			K6	RS0	1	
K13	S2	1		K5	DRW		
K12	S1	1		K4	LDC	1	
K11	S0			K3	LDZ	1	
K10	CIN			K2	ABUS	1	
K9	RD1			K1	SBUS		
K8	RD0						

注：表中信号值为"1"表示需要将该开关拨到向上位置；信号值为空表示值为"0"，需要将该开关拨到向下位置。

按一次 QD 按钮，记录观察到的结果，填入表 2.11 中的相应位置。

若改变 K10 的值，使 CIN=1，结果有无异同，为什么？尝试操作一次，观察实验结果，观察到的结果与分析是否一致？

（6）与运算。

按照表 2.20 设置相应开关。

按一次 QD 按钮，记录观察到的结果，填入表 2.11 中的相应位置。

改变 K10 的值，使 CIN=1，结果有无异同，为什么？

表 2.20　"独立"信号控制方式下进行与运算时的信号值

开关名	信号名	值	备注	开关名	信号名	值	备注
K15	M	1		K7	RS1		
K14	S3	1		K6	RS0	1	
K13	S2			K5	DRW		
K12	S1	1		K4	LDC		
K11	S0	1		K3	LDZ	1	
K10	CIN			K2	ABUS	1	
K9	RD1			K1	SBUS		
K8	RD0						

注：表中信号值为"1"表示需要将该开关拨到向上位置；信号值为空表示值为"0"，需要将该开关拨到向下位置。

（7）或运算。

按照表 2.21 设置相应开关。

表 2.21　　"独立"信号控制方式下进行或运算时的信号值

开关名	信号名	值	备注	开关名	信号名	值	备注
K15	M	1		K7	RS1		
K14	S3	1		K6	RS0	1	
K13	S2	1		K5	DRW		
K12	S1	1		K4	LDC		
K11	S0			K3	LDZ	1	
K10	CIN			K2	ABUS	1	
K9	RD1			K1	SBUS		
K8	RD0						

注：表中信号值为"1"表示需要将该开关拨到向上位置；信号值为空表示值为"0"，需要将该开关拨到向下位置。

按一次 QD 按钮，记录观察到的结果，填入表 2.11 中的相应位置。

(8) 完成对其余数据的运算。

按照步骤(3)～(7)，对其余 6 组数据进行运算，观察实验现象并把实验结果填入表 2.11 中的相应位置。

2) 74LS181 功能测试

(1) 74LS181 算术运算功能测试。

输入 R0=55H，R1=01H。

置 RD1～RD0=00，RS1～RS0=01，M=0，ABUS=1，LDC=1，LDZ=1，置 CIN=1，使 C_n=1，其余信号均为"0"。

依次改变 S3S2S1S0 的值，观察并记录实验现象，验证 74LS181 的算术运算功能，将实验数据填入表 2.12 中。

置 CIN=0，使 C_n=0，改变 S3S2S1S0 的值，观察并记录实验现象，继续验证 74LS181 的算术运算功能，将实验数据填入表 2.12 中。

(2) 74LS181 逻辑运算功能测试。

置 RD1～RD0=00，RS1～RS0=01，M=1，ABUS=1，LDZ=1，其余信号均为"0"，依次改变 S3S2S1S0 的值，观察并记录实验现象，验证 74LS181 的逻辑运算功能，将实验数据填入表 2.13 中。

"独立"信号控制方式实验操作结束，关闭电源，拆除导线。

3) 以"微程序"信号控制方式进行加、减、与、或运算

(1) 设置"运算器组成实验"模式。

将控制器转换开关拨到"微程序"位置，将编程开关和短路子 DZ11 设置为左边的"正常"位置。

打开电源，按复位按钮 CLR，使 TEC-8 实验系统复位。指示灯 μA5～μA0 显示 00H，这表示当前即将执行的微指令的地址为 00H。

将操作模式开关设置为 SWC=1，SWB=0，SWA=1，准备进入运算器组成实验模式。

按一次 QD 按钮，产生一组节拍脉冲信号 T1、T2、T3，执行当前的微指令，并经过多路转移之后产生微程序分支，进入运算器组成实验模式，下面将按固定步骤进行加、减、与、或实验。此时 SELCTL 绿色指示灯被点亮，表明系统进入控制台操作状态，RD1～RD0 和

RS1～RS0 的值由 SEL3～SEL2 和 SEL1～SEL0 确定。

(2) 设置数 A。

此时指示灯 μA5～μA0 显示 0BH，SEL3～SEL0 显示的是 0001B，指示灯 A7～A0 将显示 R0 的值，而指示灯 B7～B0 将显示 R1 的值。

观察当前微操作控制信号的值，发现 SBUS=1，DRW=1，分析图 2.3 中的数据通路可知，这就意味着当 T3 的上升沿到来时，从数据开关 SD7～SD0 给出的数将被送往 RD1～RD0 选定的寄存器。

在数据开关 SD7～SD0 上设置数 A，因为 RD1～RD0=SEL3～SEL2=00B，所以数 A 将被写入 R0。在数据总线 DBUS 指示灯 D7～D0 上可以看到数据设置正不正确，发现错误需及时改正。

设置数据正确后，按一次 QD 按钮，执行当前微指令，将 SD7～SD0 上的数据写入 R0，并进入下一步。

(3) 设置数 B。

此时指示灯 μA5～μA0 显示 15H，SEL3～SEL0 显示的是 0100B。这时 R0 已经写入，因为 RS1～RS0 为 00B，所以在指示灯 B7～B0 上可以观察到此时 R0 的值。在数据开关 SD7～SD0 上设置数 B。

设置数据正确后，按一次 QD 按钮，将 SD7～SD0 上的数据写入 R1，并进入下一步。

(4) 进行加法运算。

此时指示灯 μA5～μA0 显示 16H，SEL3～SEL0 显示的是 0001B。观察当前微操作控制信号的值，发现 M=0，S3S2S1S0=1001，CIN=1，由表 2.9 可知，运算器即将进行加法运算。此时指示灯 A7～A0 显示被加数 A(来自寄存器 R0，它同时也是结果存放的地方)，指示灯 B7～B0 显示加数 B(来自寄存器 R1)。由于 74LS181 是纯组合电路，因此只要参与运算的数据准备好，给出了微操作控制信号后，立即就能得到结果，因为 ABUS=1，所以可以从 D7～D0 指示灯看到 A+B 的运算结果。

按一次 QD 按钮，产生一组节拍脉冲信号 T1、T2、T3，因为观察当前微操作控制信号的值发现 LDC=1，LDZ=1，所以在 T3 的上升沿，将进位标志 C、结果为 0 标志 Z 的值送入相应触发器保存。注意，正常运算时，此时应有寄存器写入微操作控制信号 DRW=1，它将允许在 T3 的上升沿将加法运算的结果送入目的寄存器(在这里就是寄存器 R0)保存，但是观察发现，本实验中此时 DRW=0，因此**本次加法运算的结果并未送入寄存器保存**。

完成上述操作后，可以进入下一步。

(5) 进行减法运算。

此时指示灯 μA5～μA0 显示 17H，且 C 指示灯(红色)显示上一步加法运算得到的进位标志 C 的值，Z 指示灯(绿色)显示上一步加法运算得到的结果为 0 标志 Z 的值。

SEL3～SEL0=0001B，M=0，S3S2S1S0=0110B，CIN=0，由表 2.9 可知，运算器即将进行减法运算，其中被减数来自寄存器 R0，它由指示灯 A7～A0 显示，减数来自寄存器 R1，由指示灯 B7～B0 显示减数 B(R1)，指示灯 D7～D0 此时直接显示了 A–B 运算的结果。

按一次 QD 按钮，保存 C 和 Z 的值，进入下一步。

(6) 进行与运算。

此时指示灯 μA5～μA0 显示 18H，SEL3～SEL0=0001B，M=1，S3S2S1S0=1011B，由表 2.9

可知，运算器即将进行与运算，参与运算的 2 个数分别来自 R0 和 R1，且指示灯 D7～D0 直接显示了 A and B 运算的结果。

按一次 QD 按钮，因为此时只有 LDZ=1，故此时只保存 Z 的值，原有的 C 值不变。

完成上述操作后，进入下一步。

(7) 进行或运算。

此时指示灯 μA5～μA0 显示 19H，SEL3～SEL0=0001B，M=1，S3S2S1S0=1110B，由表 2.9 可知，运算器即将进行或运算，参与运算的 2 个数分别来自 R0 和 R1，且指示灯 D7～D0 直接显示了 A or B 运算的结果。

按一次 QD 按钮，保存 Z 的值，进入下一步。

(8) 结束运算。

此时指示灯 μA5～μA0 显示 00H，表示已经回到初始状态。

这时指示灯 Z(绿色)显示的是上一步或运算得到的结果为 0 标志的值。

按照上述步骤，对要求的 7 组数据进行运算并记录实验数据。

实验操作结束，关闭电源。

7. 实验要求

(1) 做好实验预习，掌握运算器的数据传输通路及其功能特性。

(2) 按照实验步骤完成实验操作。在每一次按下 QD 按钮之前注意观察此时的各种微操作控制信号的值以及各种状态信号的值，分析出现这些信号表明 TEC-8 模型计算机将要做什么操作；在每一次按下 QD 按钮之后注意分析哪些信号发生了改变。

(3) 根据实验步骤与实验现象，绘制运算器组成实验对应的微程序流程图。

(4) 写出实验报告，内容是：

①实验目的。

②实验内容和实验步骤。

③根据实验结果记录的实验数据。

④根据实验步骤与实验现象绘制的运算器组成实验微程序流程图。

⑤结合实验现象，每一实验步骤中，对下述信号所起的作用进行解释：M、S0、S1、S2、S3、CIN、ABUS、LDC、LDZ、SEL3、SEL2、SEL1、SEL0、DRW、SBUS。并说明在该步骤中，哪些信号是必需的，哪些信号不是必需的，哪些信号必须采用实验中使用的值，哪些信号可不采用实验中使用的值。

⑥结合实验中观察到的实验现象对相关原理、方法等的分析、研究与探索等。

8. 可探索和研究的问题

(1) 进行算术运算时，参与运算的数含符号位吗？如果含符号，该数是用原码表示的，还是补码表示的？符号位是几位？如果运算结果有进位，进位与运算结果如何共同表示最终的值？

(2) ALU 具有记忆功能吗？如果有，为什么？如果没有，应该如何设计让它有记忆功能？

(3) 为什么每当 ALU 的 A 端口和 B 端口的数据一旦确定，在数据总线 DBUS 上总是能够直接观测运算的数据结果，而标志结果却需要再按一下按钮 QD 后，在下一步才能观测到？

(4) "微程序"信号控制方式下 A 端口和 B 端口显示的数据始终都由 SEL3～SEL0 确定

吗？(提示：仔细观察"微程序"信号控制方式进行加、减、与、或运算的第(8)步，当 μA5～μA0 显示 00H 时，此时 SEL3～SEL0 显示什么值？A 端口和 B 端口又分别显示什么值？)

2.3　双端口存储器实验

1.　实验类别

原理性+分析性。

2.　实验目的

(1) 了解双端口存储器 IDT7132 的工作特性及其使用方法；
(2) 了解半导体存储器怎样存储和读取数据；
(3) 了解双端口存储器怎样并行读写；
(4) 熟悉 TEC-8 模型计算机中存储器部分的数据通路。

3.　实验设备

(1) TEC-8 实验系统	1 台
(2) 逻辑测试笔(在 TEC-8 实验台上)	1 支
(3) 双踪示波器	1 台
(4) 直流万用表	1 块

4.　实验电路

图 2.4 是双端口存储器实验的电路图。

图 2.4　双端口存储器实验电路图

双端口存储器电路由 1 片 IDT7132 及少许附加电路组成,用于存放程序和数据。IDT7132 容量为 2048B,TEC-8 实验系统只使用 256B,也就是说,IDT7132 的存储器地址线有 11 根,但是 TEC-8 所使用的存储器地址只有 8 位。

图 2.5 是 IDT7132 的结构框图,它带有 2 个端口,一个称为左端口,另一个称为右端口。2 个端口各有独立的 11 位存储器地址线、8 位数据线和 3 个读写控制信号:CE#、R/W#和 OE#,可以同时对器件内部的同一存储体进行读写操作。

图 2.5 IDT7132 结构框图

若 2 个端口不同时访问存储体,则肯定不会产生访存冲突;若 2 个端口同时访问存储体,但是地址不同,也不会产生访存冲突;只有在当 2 个端口同时访问存储体同一地址单元时,才可能产生访存冲突。

为了解决可能出现的访存冲突,IDT7132 还带有总线仲裁逻辑,并通过信号 $\overline{BUSY_L}$、$\overline{BUSY_R}$ 分别控制左右端口的访问行为。当左右 2 个端口分别对 2 个不同地址进行存取操作时,没有冲突,此时 $\overline{BUSY_L}$、$\overline{BUSY_R}$ 均为高电平,2 个端口均可正常工作;若左右 2 个端口同时对同一地址进行存取,则产生冲突,总线仲裁逻辑将根据 2 个端口地址信号到来的时间不同做出判断,地址信号先来的端口被视为优先访问端口,其 $\overline{BUSY}$ 信号维持高电平不变,该端口可进行存取操作,而地址信号后来到的端口将被视为延迟访问端口,其 $\overline{BUSY}$ 信号置为低电平,暂时不允许该端口进行存取操作,待优先访问端口对该地址的访问周期结束后,再将该 $\overline{BUSY}$ 信号置为高电平,允许延迟访问端口进行存取操作。

在 TEC-8 实验系统中,左端口配置成读、写端口,用于将数据总线 DBUS 上的内容写入存储器和从存储器中取数到数据总线 DBUS 等操作。当信号 MEMW 为 "1" 时,在 T2 为 "1" 的情况下,将数据总线 DBUS 上的数 D7~D0 写入 AR7~AR0 指定的存储单元;当 MBUS

信号为"1"时，将 AR7～AR0 指定的存储单元的数送往数据总线 DBUS。在这里，当进行写存储器操作时，由于数据总线 DBUS 的内容可以来自数据开关，它可以完成用户程序的输入功能；数据总线 DBUS 的内容还可以来自 ALU，它还可完成存数(STORE)功能。当程序运行过程中进行读存储器操作时，则可以完成取数(LOAD)功能。

右端口设置成只读方式。如图 2.4 所示，双端口存储器的右端口只连接有地址线和数据线，在这里可以简单地理解为：任何时刻，右端口地址 PC7～PC0 指向的存储单元的内容(在这里就是指令)均被读出并送到右端口数据线上，但是，只有当 LIR 为"1"时，在 T3 上升沿才把这个被读出的指令 INS7～INS0 送往指令寄存器 IR。

程序计数器 PC 由 2 片 GAL22V10(U54 和 U55)组成，它向双端口存储器的右端口提供存储器地址。当复位信号 CLR#为"0"时，程序计数器复位，PC7～PC0 为 00H。当信号 LPC 为"1"时，在 T3 的上升沿，将数据总线 DBUS 上的数 D7～D0 写入 PC。当信号 PCINC 为"1"时，在 T3 的上升沿，完成 PC 加 1。当 PCADD 信号为"1"时，PC 和 IR 中的转移偏量(IR3～IR0)相加，在 T3 的上升沿，将相加得到的和写入 PC 程序计数器。

地址寄存器 AR 由 1 片 GAL22V10(U62)组成，向双端口存储器的左端口提供存储器地址 AR7～AR0。当复位信号 CLR#为"0"时，地址寄存器复位，AR7～AR0 为 00H。当信号 LAR 为"1"时，在 T3 的上升沿，将数据总线 DBUS 上的数 D7～D0 写入 AR。当信号 ARINC 为"1"时，在 T3 的上升沿，完成 AR 加 1。

指令寄存器 IR 是 1 片 74273(U52)，用于保存指令。当信号 LIR 为"1"时，在 T3 的上升沿，将从双端口存储器右端口读出的指令写入指令寄存器 IR。

数据开关 SD7～SD0 用于设置双端口存储器的地址和数据。当信号 SBUS 为"1"时，数据开关 SD7～SD0 的值送往数据总线 DBUS。

本实验中用到的信号归纳如表 2.22 所示。

表 2.22　双端口存储器实验用到的信号

信号	说明
SBUS	为"1"时，数据开关 SD7～SD0 的数送到数据总线 DBUS
MBUS	为"1"时，将双端口存储器的左端口数据送到数据总线 DBUS
MEMW	为"1"时，在 T2 为"1"期间将数据总线 DBUS 上的 D7～D0 写入双端口存储器，写入的存储器单元由 AR7～AR0 指定
LAR	为"1"时，在 T3 的上升沿，将数据总线 DBUS 上的 D7～D0 写入地址寄存器 AR
ARINC	为"1"时，在 T3 的上升沿，AR 加 1
LPC	为"1"时，在 T3 的上升沿，将数据总线 DBUS 上的 D7～D0 写入程序计数器 PC
PCINC	为"1"时，在 T3 的上升沿 PC 加 1
LIR	为"1"时，在 T3 的上升沿将从双端口存储器右端口读出的指令 INS7～INS0 写入指令寄存器 IR。读出的存储器单元地址由 PC7～PC0 指定
PCADD	为"1"时，当前 PC 的值和 IR 中的转移偏量(IR3～IR0)相加，在 T3 的上升沿，将相加得到的和写入 PC
SELCTL	为"1"时，TEC-8 实验系统处于控制台状态；为"0"时，TEC-8 实验系统处于运行程序状态
AR7～AR0	双端口存储器左端口存储器地址
PC7～PC0	双端口存储器右端口存储器地址
INS7～INS0	从双端口存储器右端口读出的指令，本实验中作为数据使用
D7～D0	数据总线 DBUS 上的数

　　本次实验要求在"独立"信号控制方式下，**根据操作需要手动设置上述信号中微操作控制信号的值**，完成相关实验任务，并记录每一实验步骤对应的地址以及数据。

　　作为对照，模型机设置专用微程序用来完成往连续单元写 3 个数，然后从左右端口同时连续读出这三个数的操作，只需要将操作模式选择开关设为 SWC=1，SWB=1，SWA=0 即可进入该微程序，依据信号指示进行操作即可完成上述功能。

　　在"微程序"信号控制方式下，上述信号都有对应的指示灯。当指示灯点亮时，表示对应的信号为"1"；当指示灯不亮时，对应的信号为"0"。实验过程中，对每一个实验步骤，都要记录上述信号（可以不记录 SELCTL）以及对应的地址、数据。另外在"微程序"信号控制方式下，还有信号指示灯 μA5～μA0 的值需要记录，它用来指示当前微地址。

　　事实上，利用左端口往存储器中写入程序和数据、查看程序运算结果也是 TEC-8 模型机提供的重要的人机交互方式之一，系统设置了相应的控制台操作模式以完成这些交互，其中操作模式选择开关 SWC=0，SWB=0，SWA=1 表示进入写存储器模式，SWC=0，SWB=1，SWA=0 表示进入读存储器模式。进入相关操作模式后，可以设置起始地址，并从左端口连续写入或者连续读出数据。

　　5. 实验任务

　　(1)通过"独立"信号控制方式从存储器地址 10H 开始，从左端口连续向双端口存储器中写入 3 个数：85H、60H、38H。在写的过程中，在右端口检测写的数据是否正确。

　　(2)通过"独立"信号控制方式从存储器地址 10H 开始，连续从双端口存储器的左、右端口同时读出存储器的内容。

　　(3)通过"独立"信号控制方式连续从双端口存储器的左、右端口同时读出存储器的内容，其中左端口从存储器地址 11H 开始，右端口从存储器地址 10H 开始。

　　(4)通过"微程序"信号控制方式从存储器地址 10H 开始，从左端口连续向双端口存储器中写入 3 个数：85H、60H、38H。在写的过程中，在右端口检测写的数据是否正确。

　　(5)通过"微程序"信号控制方式从存储器地址 10H 开始，连续从左、右端口同时读出存储器的内容。

　　(6)利用控制台操作模式从存储器地址 10H 开始连续写入 3 个数：85H、60H、38H。然后利用控制台操作模式读出这 3 个数。

　　6. 实验步骤

　　1)以"独立"信号控制方式进行双端口存储器读写

　　(1)实验准备。

　　将控制器转换开关拨到"独立"位置，将编程开关和短路子 DZ11 设置为左边的"正常"位置，将开关 DP 拨到向上位置，使模型机工作于单周期状态。

　　根据前面的分析知，以"独立"信号控制方式进行双端口存储器读写时，信号 SBUS、MBUS、MEMW、LAR、ARINC、LPC、PCINC 需手动控制，而信号 ABUS、IABUS 只需让其固定为低电平即可。另外，指令寄存器加载信号 LIR、转移地址形成信号 PCADD 与存储器操作无关，也把它们固定接地即可。因此，本实验的接线如表 2.23 所示。

表 2.23 以"独立"信号控制方式进行双端口存储器读写实验接线表

开关名	信号名	值	备注	开关名	信号名	值	备注
K6	SBUS			K0	PCINC		
K5	MBUS				LIR	GND	固定接地
K4	MEMW				PCADD	GND	固定接地
K3	LAR				ABUS	GND	固定接地
K2	ARINC				IABUS	GND	固定接地
K1	LPC						

注：在"独立"信号控制方式下将表中固定接地的信号浮空即相当于对其赋值 GND。

按照表 2.23 完成连线，并仔细检查，确保无错接、漏接、虚接。

接线完成后，打开电源，按一下系统复位按钮 CLR，使 TEC-8 处于初始状态，此时地址寄存器 AR 和程序计数器 PC 均复位，其值均为 0。

(2) 以"独立"信号控制方式写双端口存储器。

现在要从存储器地址 10H 开始，通过左端口连续向双端口存储器中写入 3 个数：85H、60H 和 38H，那么首先需要将存储器地址送到左端口地址寄存器 AR，从图 2.4 中可以看出，此时需要打开数据开关 SBUS 以便将数据开关 SD7～SD0 上输入的存储器起始地址 10H 经数据总线 DBUS 送往地址寄存器 AR，并使地址寄存器 AR 加载信号 LAR 有效；另外，实验要求在写左端口的同时，利用右端口检查写入是否正确，因此也需要把这个起始地址 10H 同时送给程序计数器 PC，需先按照表 2.24 设置相应的值。

表 2.24 以"独立"信号控制方式写双端口存储器设置初始地址时的信号值

开关名	信号名	值	备注	开关名	信号名	值	备注
K6	SBUS	1		K2	ARINC		
K5	MBUS			K1	LPC	1	
K4	MEMW			K0	PCINC		
K3	LAR	1					

注：表中信号值为"1"表示需要将该开关拨到向上位置；信号值为空表示值为"0"，需要将该开关拨到向下位置。

将数据开关 SD7～SD0 的值设置为 10H，通过 D7～D0 观察所设置的值是否正确。

设置完成后，按一次 QD 按钮，将 10H 写入 AR、PC，可以看到 AR 和 PC 的内容已经更新了。

下面需要通过左端口向存储器写入第 1 个数据 85H，因此需要使信号 MEMW 有效；因为通过左端口进行存储器写操作时的地址空间是连续的，而地址寄存器 AR 具备自增 1 功能，所以这里需要使信号 ARINC 有效，以便在完成第 1 个数据写入后让地址指向下一个存储单元，为下一个数据写入做好准备。又因为，此时加载地址寄存器和加载程序计数器操作已经完成，所以信号 LAR、LPC 应该撤销，即应按照表 2.25 设置相应的值。

表 2.25 以"独立"信号控制方式写双端口存储器输入第 1 个数据时的信号值

开关名	信号名	值	备注	开关名	信号名	值	备注
K6	SBUS	1		K2	ARINC	1	

开关名	信号名	值	备注	开关名	信号名	值	备注
K5	MBUS			K1	LPC		
K4	MEMW	1		K0	PCINC		
K3	LAR						

注：表中信号值为"1"表示需要将该开关拨到向上位置；信号值为空表示值为"0"，需要将该开关拨到向下位置。

　　将数据开关 SD7～SD0 设置为 85H，通过 D7～D0 观察所设置的值是否正确。

　　设置完成后，按一次 QD 按钮，将 85H 写入存储器 10H 单元，且使地址寄存器 AR 的内容自增 1，为 11H。注意，上面一步没有给出程序计数器 PC 自增 1 信号 PCINC，因此 PC 的值应该保持不变，仍为 10H，此时双端口存储器右端口数据线 INS7～INS0 上显示了该地址（即 10H）存放的内容 85H。

　　下面继续通过左端口向存储器写入数据，同时，希望右端口自动读取上一步左端口写入的内容，因此应按照表 2.26 设置相应的值。

表 2.26　以"独立"信号控制方式写双端口存储器输入第 2 个数据时的信号值

开关名	信号名	值	备注	开关名	信号名	值	备注
K6	SBUS	1		K2	ARINC	1	
K5	MBUS			K1	LPC		
K4	MEMW	1		K0	PCINC	1	
K3	LAR						

注：表中信号值为"1"表示需要将该开关拨到向上位置；信号值为空表示值为"0"，需要将该开关拨到向下位置。

　　将数据开关 SD7～SD0 设置为 60H，通过 D7～D0 观察所设置的值是否正确。

　　设置完成后，按一次 QD 按钮，将 60H 写入存储器 11H 单元，且使地址寄存器 AR 的内容自增 1，为 12H；使程序计数器 PC 的内容自增 1，为 11H，双端口存储器右端口数据线 INS7～INS0 上显示了 11H 单元的内容 60H。

　　下面继续通过左端口向存储器写入数据，同时，希望右端口自动读取上一步左端口写入的内容，因此应按照表 2.27 设置相应的值。

表 2.27　以"独立"信号控制方式写双端口存储器输入第 3 个数据时的信号值

开关名	信号名	值	备注	开关名	信号名	值	备注
K6	SBUS	1		K2	ARINC	1	
K5	MBUS			K1	LPC		
K4	MEMW	1		K0	PCINC	1	
K3	LAR						

注：表中信号值为"1"表示需要将该开关拨到向上位置；信号值为空表示值为"0"，需要将该开关拨到向下位置。

　　将数据开关 SD7～SD0 设置为 38H，通过 D7～D0 观察所设置的值是否正确。

　　设置完成后，按一次 QD 按钮，将 38H 写入存储器 12H 单元，且使地址寄存器 AR 的内容自增 1，为 13H；使程序计数器 PC 的内容自增 1，为 12H，双端口存储器右端口数据线 INS7～INS0 上显示了 12H 单元的内容 38H。

　　至此，3 个数据写入完成，按一下系统复位按钮 CLR，再次将地址寄存器 AR 和程序计数器 PC 均复位。

在上述通过左端口写数据的过程中，使指向右端口地址的程序计数器的内容不断变化，一方面体现了双端口存储器并行操作的特点，另一方面也"顺便"检查了上一步左端口写操作的正确性。单独从存储器写操作的角度来讲，完全可以不给出程序计数器 PC 自增 1 信号 PCINC，这样其实就是单独使用左端口进行存储器写入操作的过程。

（3）以"独立"信号控制方式同时连续读存储器相同地址单元的内容。

从图 2.4 中可以看出，读存储器只需要给出存储器地址即可。上面写存储器是从 10H 单元开始的，因此读存储器也应该从这个地址开始，即应该先设置初始地址为 10H。因为要求从左右端口同时读相同地址单元的内容，所以需要把这个初始地址同时送给地址寄存器 AR 和程序计数器 PC。

为了能够从数据总线指示灯 D7～D0 上观察到左端口的数据，读数据时需要使信号 MBUS 有效。

据此，以"独立"信号控制方式从左端口读存储器的步骤如下。

按照表 2.28 设置相应的信号值。

表 2.28　以"独立"信号控制方式从左右端口同时从相同地址单元读设置初始地址时的信号值

开关名	信号名	值	备注	开关名	信号名	值	备注
K6	SBUS	1		K2	ARINC		
K5	MBUS			K1	LPC	1	
K4	MEMW			K0	PCINC		
K3	LAR	1					

注：表中信号值为"1"表示需要将该开关拨到向上位置；信号值为空表示值为"0"，需要将该开关拨到向下位置。

将数据开关 SD7～SD0 设置为 10H，通过 D7～D0 观察所设置的值是否正确。

设置完成后，按一次 QD 按钮，将 10H 同时写入 AR 和 PC，此时指令指示灯 IR7～IR0 和双端口存储器右端口数据线 INS7～INS0 均显示存储器 10H 单元的值 85H。

按照表 2.29 设置相应的信号值。

表 2.29　以"独立"信号控制方式从左右端口同时读存储器相同地址单元内容时的信号值

开关名	信号名	值	备注	开关名	信号名	值	备注
K6	SBUS			K2	ARINC	1	
K5	MBUS	1		K1	LPC		
K4	MEMW			K0	PCINC	1	
K3	LAR						

注：表中信号值为"1"表示需要将该开关拨到向上位置；信号值为空表示值为"0"，需要将该开关拨到向下位置。

设置完成后，按一次 QD 按钮，数据总线指示灯 D7～D0 和双端口存储器右端口数据线 INS7～INS0 均显示存储器 11H 单元的值 60H，AR 和 PC 的值均增 1 成为 11H。

接着按一次 QD 按钮，数据总线指示灯 D7～D0 和双端口存储器右端口数据线 INS7～INS0 均显示存储器 12H 单元的值 38H，AR 和 PC 的值均增 1 成为 12H。

再按一次 QD 按钮，AR 和 PC 的值均增 1 成为 13H，数据总线指示灯 D7～D0 和双端口存储器右端口数据线 INS7～INS0 均显示存储器 13H 单元的值（注意，13H 单元的值并不是前面通过数据开关写入的)。

至此,左右端口同时连续读存储器相同地址单元的内容操作结束,按一下系统复位按钮 CLR,使地址寄存器 AR、程序计数器 PC 均复位。

(4) 以"独立"信号控制方式同时连续读存储器不同地址单元的内容。

现在要利用左右端口同时读取,其中左端口读取从地址 11H 开始连续若干单元的值,右端口读取从地址 10H 开始连续若干单元的值,则可以这样操作:

先设置地址寄存器 AR 的值为 11H,只需按照表 2.30 设置相应的信号值。

表 2.30　以"独立"信号控制方式设置地址寄存器起始地址时的信号值

开关名	信号名	值	备注	开关名	信号名	值	备注
K6	SBUS	1		K2	ARINC		
K5	MBUS			K1	LPC		
K4	MEMW			K0	PCINC		
K3	LAR	1					

注:表中信号值为"1"表示需要将该开关拨到向上位置;信号值为空表示值为"0",需要将该开关拨到向下位置。

设置完成后,将数据开关 SD7~SD0 设置为 11H,然后按一次 QD 按钮,将 11H 写入地址寄存器 AR。

再设置程序计数器 PC 的值为 10H,只需按照表 2.31 设置相应的信号值。

表 2.31　以"独立"信号控制方式设置程序计数器起始地址时的信号值

开关名	信号名	值	备注	开关名	信号名	值	备注
K6	SBUS	1		K2	ARINC		
K5	MBUS			K1	LPC	1	
K4	MEMW			K0	PCINC		
K3	LAR						

注:表中信号值为"1"表示需要将该开关拨到向上位置;信号值为空表示值为"0",需要将该开关拨到向下位置。

设置完成后,将数据开关 SD7~SD0 设置为 10H,然后按一次 QD 按钮,将 10H 写入程序计数器 PC。

此时 AR=11H,PC=10H,此时指令指示灯 IR7~IR0 和双端口存储器右端口数据线 INS7~INS0 均显示存储器 10H 单元的值 85H,数据总线 D7~D0 显示存储器 11H 单元的内容 60H。下面开始从左右端口分别连续读取若干数据,只需按照表 2.32 设置相应的信号值。

表 2.32　以"独立"信号控制方式从左右端口同时顺序读取时的信号值

开关名	信号名	值	备注	开关名	信号名	值	备注
K6	SBUS			K2	ARINC	1	
K5	MBUS	1		K1	LPC		
K4	MEMW			K0	PCINC	1	
K3	LAR						

注:表中信号值为"1"表示需要将该开关拨到向上位置;信号值为空表示值为"0",需要将该开关拨到向下位置。

设置完成后,按一次 QD 按钮,数据总线 D7~D0 显示存储器 12H 单元的内容 38H,而右端口数据总线 INS7～INS0 则显示 11H 单元的内容 60H；再按一次 QD 按钮，数据总线 D7～D0 显示存储器 13H 单元的内容，而右端口数据总线 INS7～INS0 则显示 12H 单元的内容 38H；……，直至读数据操作结束。

至此，从左右端口同时连续读存储器不同地址单元的内容操作结束，按一下系统复位按钮 CLR，使地址寄存器 AR、程序计数器 PC 均复位。

"独立"信号控制方式实验操作结束，关闭电源，拆除导线。

2）以"微程序"信号控制方式进行存储器读写

（1）设置双端口存储器实验模式。

将控制器转换开关拨到"微程序"位置，将编程开关和短路子 DZ11 设置为左边的"正常"位置。

打开电源，按复位按钮 CLR，使 TEC-8 实验系统复位。当前微指令地址 μA5～μA0 为 00H。

将操作模式开关设置为 SWC=1，SWB=1，SWA=0，**准备进入双端口存储器实验模式**。

按一次 QD 按钮，进入双端口存储器实验模式，SELCTL 绿色指示灯被点亮。

（2）设置写操作初始地址。

此时当前微指令地址 μA5～μA0 为 0DH，观察微操作控制信号，发现 SBUS=1，LAR=1，LPC=1，从图 2.4 中分析可知，给出这几个信号就意味着在数据开关 SD7～SD0 上设置一个地址，执行完这一条微指令后，该地址将被送往地址寄存器 AR 和程序计数器 PC。

设置 SD7～SD0=10H，按一次 QD 按钮，完成设置初始地址操作。

（3）写入第 1 个数。

此时当前微指令地址 μA5～μA0 为 1AH，AR=10H。观察微操作控制信号，发现 SBUS=1，MEMW=1，ARINC=1，从图 2.4 中分析可知，给出这几个信号就意味着在数据开关 SD7～SD0 上设置一个数据，执行完这一条微指令后，该数据将被写入地址寄存器 AR 指定的存储单元，且写完之后地址寄存器 AR 自增 1，指向了下一个地址单元。

设置 SD7～SD0=85H，按一次 QD 按钮，将 85H 写入存储器 10H 单元。

地址寄存器 AR 的值变为 11H，程序计数器 PC 的值仍然是 10H，右端口数据线 INS7～INS0 显示存储器 10H 单元的值 85H。

（4）写入第 2 个数。

此时当前微指令地址 μA5～μA0 为 1BH，AR=11H。观察微操作控制信号，发现 SBUS=1，MEMW=1，ARINC=1，PCINC=1，表示要将数据开关 SD7～SD0 上的数据写入存储器 11H 单元，且写完之后地址寄存器 AR 自增 1，程序计数器 PC 也自增 1。

设置 SD7～SD0=60H，按一次 QD 按钮，将 60H 写入存储器 11H 单元。

地址寄存器 AR 的值变为 12H，程序计数器 PC 的值变为 11H，INS7～INS0 显示存储器 11H 单元的值 60H。

（5）写入第 3 个数。

此时当前微指令地址 μA5～μA0 为 1CH，AR=12H，PC=11H，微操作控制信号。观察微操作控制信号，发现 SBUS=1，MEMW=1，表示将要把数据开关 SD7～SD0 上的数据写入存储器 12H 单元；ARINC=1，PCINC=1 表示写操作结束后地址寄存器 AR、程序计数器 PC 的值均增 1。

设置 SD7～SD0=38H，按一次 QD 按钮，将 38H 写入存储器 12H 单元。

地址寄存器的值 AR 为 13H，程序计数器 PC 的值仍为 12H，INS7～INS0 显示的还是存储器 12H 单元的值 38H。

(6) 设置读操作初始地址。

此时当前微指令地址 μA5～μA0 为 1DH，信号 SBUS=1，LAR=1，LPC=1。

设置 SD7～SD0=10H，按一次 QD 按钮，将初始地址 10H 分别写入地址寄存器 AR 和程序计数器 PC。

(7) 读出第 1 个数。

此时当前微指令地址 μA5～μA0 为 1EH，信号跟存储器相关的信号中只有 MBUS=1，ARINC=1，PCINC=1，它表示即将把当前地址寄存器 AR 指向单元的内容送到数据总线 DBUS，将当前程序计数器 PC 指向单元的内容送到右端口数据线 INS7～INS0，并随后将地址寄存器 AR、程序计数器 PC 的值均自增 1。

此时数据总线指示灯 D7～D0 显示存储器 10H 单元的值 85H，右端口数据线 INS7～INS0 也显示存储器 10H 单元的值 85H。

(8) 读出第 2 个数。

按一次 QD 按钮，则 AR=11H，PC=11H。此时当前微指令地址 μA5～μA0 为 1FH，微操作控制信号与上一拍相比无变化。

数据总线指示灯 D7～D0 和右端口数据线 INS7～INS0 均显示存储器 11H 单元的值 60H。

(9) 读出第 3 个数。

按一次 QD 按钮，AR=12H，PC=12H。此时当前微指令地址 μA5～μA0 为 31H，微操作控制信号与上一拍相比少了 ARINC=1 和 PCINC=1，表明本次读数操作结束后地址寄存器 AR、程序计数器 PC 的值不再自增 1。

数据总线指示灯 D7～D0 和右端口数据线 INS7～INS0 均显示存储器 12H 单元的值 38H。

按一次 QD 按钮，AR 和 PC 的值保持不变，但此时指示灯 μA5～μA0 显示 00H，表示已经回到初始状态；SELCTL 绿色指示灯不再点亮。

以"微程序"信号控制方式进行存储器读写操作结束。

3) 控制台操作存储器读写

(1) 设置写存储器模式。

将控制器转换开关拨到"微程序"位置，将编程开关和短路子 DZ11 设置为左边的"正常"位置。

打开电源，按复位按钮 CLR，使 TEC-8 实验系统复位。当前微指令地址 μA5～μA0 为 00H。

将操作模式开关设置为 SWC=0，SWB=0，SWA=1，按一次 QD 按钮，进入写存储器模式。

(2) 设置写操作初始地址。

此时当前微指令地址 μA5～μA0 为 03H，微操作控制信号 SBUS=1，LAR=1。

设置 SD7～SD0=10H，按一次 QD 按钮，将初始地址 10H 写入地址寄存器 AR。

(3) 顺序写数。

此时当前微指令地址 μA5～μA0 为 02H，微操作控制信号 SBUS=1，MEMW=1，ARINC=1。

设置 SD7～SD0=85H，按一次 QD 按钮，将 85H 写入存储器 10H 单元，地址寄存器 AR 的值自增 1，AR=11H，指向下一个存储单元地址。**注意，当前微指令地址 μA5～μA0 还是 02H。**

设置 SD7～SD0=60H，按一次 QD 按钮，将 60H 写入存储器 11H 单元，AR=12H。

设置 SD7～SD0=38H，按一次 QD 按钮，将 38H 写入存储器 12H 单元，AR=13H。

如此反复，直至按顺序把所有数据写完，每次都是执行这同一条微指令。

当写存储器操作结束时，按一次 CLR 按钮，系统复位，当前微指令地址 μA5～μA0 为 00H，退出写存储器模式。

(4)设置读存储器模式。

将操作模式开关设置为 SWC=0，SWB=1，SWA=0，按一次 QD 按钮，进入读存储器模式。

(5)设置读操作初始地址。

此时当前微指令地址 μA5～μA0 为 05H，微操作控制信号 SBUS=1，LAR=1。

设置 SD7～SD0=10H，按一次 QD 按钮，将初始地址 10H 写入地址寄存器 AR。

(6)顺序读数。

此时当前微指令地址 μA5～μA0 为 04H，微操作控制信号 MBUS=1，ARINC=1，并且存储器 10H 单元的内容 85H 已经被读出到数据总线 DBUS 了。

按一次 QD 按钮，当前微指令地址还是 μA5～μA0 为 04H，AR=11H，并且存储器 11H 单元的内容 60H 已经被送到数据总线 DBUS。

再按一次 QD 按钮，AR=12H，存储器 12H 单元的内容 38H 被送到数据总线 DBUS。

如此反复，直至按顺序把所有数据写完，每次都是执行这同一条微指令。

当读存储器操作结束时，按一次 CLR 按钮，系统复位，当前微指令地址 μA5～μA0 为 00H，退出读存储器模式。

全部实验操作结束，关闭电源。

7. 实验要求

(1)做好实验预习，掌握双端口存储器的使用方法和 TEC-8 模型计算机存储器部分的数据通路。

(2)按照实验步骤完成实验操作。在每一次按下 QD 按钮之前注意观察此时的各种微操作控制信号的值以及各种状态信号的值，分析出现这些信号表明 TEC-8 模型计算机将要做什么操作；在每一次按下 QD 按钮之后注意分析哪些信号发生了改变。

(3)根据实验步骤，画出双端口存储器实验、写存储器、读存储器的微程序流程图。

(4)写出实验报告，内容是：

①实验目的。

②实验内容和实验步骤。

③根据实验结果记录的实验数据。

④结合实验现象，在每一实验步骤中，对下述信号所起的作用进行解释：SBUS、MBUS、LPC、PCINC、LAR、ARINC、MEMW，并说明在该步骤中，哪些信号是必需的，哪些不是必需的，哪些信号必须采用实验中使用的值，哪些信号可不采用实验中使用的值。

8. 可研究和探索的问题

仔细核对"独立"信号控制方式和控制台操作模式实验过程中每一步的微操作控制信号，部分信号在上面的介绍中并未提及，例如，STOP 信号，这些信号起什么作用？可不可以去掉？为什么？

2.4　数据通路实验

1. 实验类型

原理性+分析性。

2. 实验目的

(1)进一步熟悉 TEC-8 模型计算机的数据通路的结构；
(2)进一步掌握数据通路中各个控制信号的作用和用法；
(3)掌握数据通路中数据流动的路径。

3. 实验设备

(1) TEC-8 实验系统	1 台
(2) 逻辑测试仪(在 TEC-8 实验台上)	1 支
(3) 双踪示波器	1 台
(4) 直流万用表	1 块

4. 实验原理

数据通路实验电路图如图 2.6 所示。它是通过将通用寄存器堆部分、运算器部分、双端口存储器部分加上数据开关 SD7～SD0 连接在一起构成的。

数据通路中各个部分的作用和工作原理在 2.1 节、2.2 节和 2.3 节已经做过详细说明，不再赘述。这里主要说明 TEC-8 模型计算机的数据流动路径和方式。

在进行数据运算操作时，由 RD1、RD0 选中的寄存器通过 4 选 1 选择器 A 送往 ALU 的 A 端口，由 RS1、RS0 选中的寄存器通过 4 选 1 选择器 B 送往 ALU 的 B 端口；信号 M、S3、S2、S1 和 S0 决定 ALU 的运算类型，ALU 对 A 端口和 B 端口的两个数连同 CIN 的值进行算术逻辑运算，得到的数据运算结果在信号 ABUS 为"1"时送往数据总线 DBUS；在 T3 的上升沿，数据总线 DBUS 上的数据结果写入由 RD1、RD0 选中的寄存器。

在寄存器之间进行数据传送操作时，由 RS1、RS0 选中的寄存器通过 4 选 1 选择器 B 送往 ALU 的 B 端口；ALU 将 B 端口的数在信号 ABUS 为"1"时送往数据总线 DBUS；在 T3 的上升沿将数据总线上的数写入由 RD1、RD0 选中的寄存器。ALU 进行的数据传送操作由一组特定的 M、S3、S2、S1、S0、CIN 的值确定。

图 2.6　数据通路实验电路图

在从存储器中取数到寄存器的操作中，由地址 AR7～AR0 指定的存储器单元中的数在信号 MEMW 为"0"时被读出；在 MBUS 为"1"时送往数据总线 DBUS；在 T3 的上升沿写入由 RD1、RD0 选中的寄存器。

在写寄存器内容到存储器的操作中，由 RS1、RS0 选中的寄存器内容通过 4 选 1 选择器 B 送往 ALU 的 B 端口；ALU 将 B 端口的数在信号 ABUS 为"1"时送往数据总线 DBUS；在 MEMW 为"1"且 MBUS 为"0"时，通过左端口将数据总线 DBUS 上的数在 T2 为"1"期间写入由 AR7～AR0 指定的存储器单元。

在读指令操作时，通过存储器右端口读出由 PC7～PC0 指定的存储器单元的内容送往 INS7～INS0，当信号 LIR 为"1"时，在 T3 的上升沿写入指令寄存器 IR。

数据开关 SD7～SD0 上的数在 SBUS 为"1"时送到数据总线 DBUS 上，用于给寄存器 R0、R1、R2 和 R3，地址寄存器 AR，程序计数器 PC 设置初值，还用于通过存储器左端口向存储器写入测试程序。

数据通路实验中涉及的信号如表 2.33 所示。

表 2.33　数据通路实验用到的信号

信号	说明
SEL3、SEL2	控制台模式下接图 2.6 中的 RD1、RD0，用于选择送 ALU 的 A 端口的寄存器
SEL1、SEL0	控制台模式下接图 2.6 中的 RS1、RS0，用于选择送 ALU 的 B 端口的寄存器
DRW	为"1"时，在 T3 上升沿对 RD1、RD0 选中的寄存器进行写操作，将数据总线 DBUS 上的数 D7～D0 写入选定的寄存器
ABUS	当它为"1"时，将 ALU 运算结果送往数据总线 DBUS；当它为"0"时，禁止 ALU 运算结果送往数据总线 DBUS
SBUS	当它为"1"时，将数据开关上的值送往数据总线 DBUS；当它为"0"时，禁止将数据开关上的值送往数据总线 DBUS

续表

信号	说明
A7~A0	送往 ALU 的 A 端口的数
B7~B0	送往 ALU 的 B 端口的数
D7~D0	数据总线 DBUS 上的 8 位数
MBUS	为"1"时，将双端口存储器的左端口数据送到数据总线 DBUS
MEMW	为"1"时，在 T2 为"1"期间将数据总线 DBUS 上的 D7~D0 写入双端口存储器，写入的存储器单元地址由 AR7~AR0 指定
LPC	为"1"时，在 T3 的上升沿，将数据总线 DBUS 上的 D7~D0 写入程序计数器 PC
PCINC	为"1"时，在 T3 的上升沿 PC 加 1
LAR	为"1"时，在 T3 的上升沿，将数据总线 DBUS 上的 D7~D0 写入地址寄存器 AR
ARINC	为"1"时，在 T3 的上升沿，AR 加 1
SBUS	为"1"时，数据开关 SD7~SD0 的数送往数据总线 DBUS
AR7~AR0	双端口存储器左端口存储器地址
PC7~PC0	双端口存储器右端口存储器地址
INS7~INS0	从双端口存储器右端口读出的指令，本实验中作为数据使用
SELCTL	当它为"1"时，TEC-8 实验系统处于控制台操作状态；当它为"0"时，TEC-8 实验系统处于运行程序状态

另外，下面的实验操作中需要把寄存器 R0、R1、R2 和 R3 的内容取出来经数据总线 DBUS 存到双端口存储器中，分析图 2.6 发现，必须利用算术逻辑运算经过 ALU 才能把这些数从寄存器堆中取出来。由表 2.9 知，只有当 M=1，S3S2S1S0=1010 时，利用 74LS181 的"直通"运算才能够将 RS1~RS0 指定的源寄存器的内容经 ALU 送往数据总线，因此信号 M、S3、S2、S1、S0、CIN 也需要加以考虑。

在"独立"信号控制方式下，需根据操作**手动设置上述信号中微操作控制信号的值**，并记录每一实验步骤对应的地址以及数据内容。

在"微程序"信号控制方式下，上述信号都有对应的指示灯。当指示灯点亮时，表示其对应的信号为"1"；当指示灯不亮时，对应的信号为"0"。实验过程中，对每一个实验步骤，都要记录上述信号(可以不记录 SELCTL)以及其对应的地址、数据。另外在"微程序"信号控制方式下，还有信号指示灯 μA5~μA0 的值需要记录，它用来指示当前微地址。

5. 实验任务

(1)将数 75H 写到寄存器 R0，将数 28H 写到寄存器 R1，将数 89H 写到寄存器 R2，将数 32H 写到寄存器 R3。

(2)将寄存器 R0 中的数写入存储器 20H 单元，将寄存器 R1 中的数写入存储器 21H 单元，将寄存器 R2 中的数写入存储器 22H 单元，将寄存器 R3 中的数写入存储器 23H 单元。在写存储器过程中利用右端口检查写入数据是否正确。

(3)从存储器 20H 单元读出数到寄存器 R3，从存储器 21H 单元读出数到寄存器 R2，从存储器 22H 单元读出数到寄存器 R1，从存储器 23H 单元读出数到寄存器 R0。在写寄存器过程中利用 ALU 的 B 端口检查上一步写入寄存器的值。

作为对照，模型机根据上述实验内容设置了专用微程序用来完成上述实验内容，只需要将操作模式开关设为 SWC=1，SWB=1，SWA=1 即可进入该微程序，依据信号指示进行操作即可完成上述功能。请使用"微程序"信号控制方式再做一遍，完成上述操作要求。

6. 实验步骤

1)"独立"信号控制方式实验准备

将控制器转换开关拨到"独立"位置，将编程开关和短路子 DZ11 设置为左边的"正常"位置，将开关 DP 拨到向上位置使模型机工作于单周期状态。

根据前面的分析知，"独立"信号控制方式进行双端口存储器读写时，信号 RD1、RD0、RS1、RS0、SBUS、ABUS、MBUS、DRW、MEMW、LAR、ARINC、LPC、PCINC、M、S3、S2、S1、S0、CIN 共 19 个信号需要手动控制；为了避免总线信号干扰，需要将 IABUS 固定接地；LIR、PCADD 与实验操作无关，但是为了稳妥起见，也把它们固定接地。

实验台共有 16 个拨位开关，考虑到使用 B 端口直通功能时，与信号 CIN 无关，因此也将它固定接地（固定接 VCC 也可）；考虑到使用直通功能时 $S_3 S_2 S_1 S_0 = 1010$，其中 S_3 与 S_1、S_2 与 S_0 恰好是一致的，因此可以把 S_3 与 S_1、S_2 与 S_0 并联起来接到同一个拨位开关。

因此，本实验的接线表如表 2.34 所示。

表 2.34　以"独立"信号控制方式数据通路实验接线表

开关名	信号名	值	备注	开关名	信号名	值	备注
K15	RD1			K5	ARINC		
K14	RD0			K4	LPC		
K13	RS1			K3	PCINC		
K12	RS0			K2	M		
K11	SBUS			K1	S_3/S_1		
K10	ABUS			K0	S_2/S_0		
K9	MBUS				CIN	GND	固定接地
K8	DRW				IABUS	GND	固定接地
K7	MEMW				LIR	GND	固定接地
K6	LAR				PCADD	GND	固定接地

注：在"独立"信号控制方式下将表中固定接地的信号浮空即相当于对其赋值 GND。

按照表 2.34 完成连线，并仔细检查，确保无错接、漏接、虚接。

接线完成后，打开电源，按一下系统复位按钮 CLR，使 TEC-8 处于初始状态，此时地址寄存器 AR 和程序计数器 PC 均复位，其值均为 0。

2)写寄存器

要使 R0=75H，R1=28H，R2=89H，R3=32H，先按照表 2.35 设置信号值。

然后设置 RD1～RD0=00B，SD7～SD0=75H，按一次 QD 按钮，将 75H 写进寄存器 R0 中。

设置 RD1～RD0=01B，SD7～SD0=28H，按一次 QD 按钮，将 28H 写进寄存器 R1 中。

设置 RD1～RD0=10B，SD7～SD0=89H，按一次 QD 按钮，将 89H 写进寄存器 R2 中。

设置 RD1～RD0=11B，SD7～SD0=32H，按一次 QD 按钮，将 32H 写进寄存器 R3 中。

当然，在进行上述写入寄存器操作的过程中也可以通过改变 RS1～RS0 的值从 B 端口查看相关寄存器的内容，确保写寄存器操作正确。

3）将寄存器中的数据依次写入连续的存储空间

表 2.35　以"独立"信号控制方式写寄存器时的信号值

开关名	信号名	值	备注	开关名	信号名	值	备注
K15	RD1			K7	MEMW		
K14	RD0			K6	LAR		
K13	RS1			K5	ARINC		
K12	RS0			K4	LPC		
K11	SBUS	1		K3	PCINC		
K10	ABUS			K2	M		
K9	MBUS			K1	S3/S1		并联
K8	DRW	1		K0	S2/S0		并联

注：表中信号值为"1"表示需要将该开关拨到向上位置；信号值为空表示值为"0"，需要将该开关拨到向下位置。

按照表 2.36 设置信号值。

表 2.36　以"独立"信号控制方式设置存储器初始地址时的信号值

开关名	信号名	值	备注	开关名	信号名	值	备注
K15	RD1			K7	MEMW		
K14	RD0			K6	LAR	1	
K13	RS1			K5	ARINC		
K12	RS0			K4	LPC	1	
K11	SBUS	1		K3	PCINC		
K10	ABUS			K2	M		
K9	MBUS			K1	S3/S1		并联
K8	DRW			K0	S2/S0		并联

注：表中信号值为"1"表示需要将该开关拨到向上位置；信号值为空表示值为"0"，需要将该开关拨到向下位置。

设置 SD7～SD0=20H，按一次 QD 按钮，将初始地址 20H 同时写进 AR 和 PC。

按照表 2.37 设置信号值。

表 2.37　以"独立"信号控制方式将寄存器 R0 数据送往存储器时的信号值

开关名	信号名	值	备注	开关名	信号名	值	备注
K15	RD1			K7	MEMW	1	
K14	RD0			K6	LAR		
K13	RS1			K5	ARINC	1	
K12	RS0			K4	LPC		
K11	SBUS			K3	PCINC		
K10	ABUS	1		K2	M	1	
K9	MBUS			K1	S3/S1	1	并联
K8	DRW			K0	S2/S0		并联

注：表中信号值为"1"表示需要将该开关拨到向上位置；信号值为空表示值为"0"，需要将该开关拨到向下位置。

按一次 QD 按钮，将 R0 中的内容 75H 写入存储器 20H 单元，此时 INS7～INS0=75H，AR=21H。

按照表 2.38 设置信号值。

表 2.38 以 "独立" 信号控制方式将寄存器 R1 数据送往存储器时的信号值

开关名	信号名	值	备注	开关名	信号名	值	备注
K15	RD1			K7	MEMW	1	
K14	RD0			K6	LAR		
K13	RS1			K5	ARINC	1	
K12	RS0	1		K4	LPC		
K11	SBUS			K3	PCINC	1	
K10	ABUS	1		K2	M	1	
K9	MBUS			K1	S3/S1	1	并联
K8	DRW			K0	S2/S0		并联

注：表中信号值为 "1" 表示需要将该开关拨到向上位置；信号值为空表示值为 "0"，需要将该开关拨到向下位置。

按表 2.38 设置信号值其实就是使 RS1～RS0=01，此时，按一次 QD 按钮，将 R1 中的内容 28H 写入存储器 21H 单元，此时 INS7～INS0=28H，AR=22H。

设置 RS1～RS0=10，按一次 QD 按钮，将 R2 中的内容 89H 写入存储器 22H 单元，此时 INS7～INS0=89H，AR=23H。

设置 RS1～RS0=11，按一次 QD 按钮，将 R3 中的内容 32H 写入存储器 23H 单元，此时 INS7～INS0=32H，AR=24H。

4）将存储器连续存储空间的值送往寄存器

按照表 2.39 设置信号值。

表 2.39 以 "独立" 信号控制方式设置存储器左端口初始地址时的信号值

开关名	信号名	值	备注	开关名	信号名	值	备注
K15	RD1			K7	MEMW		
K14	RD0			K6	LAR	1	
K13	RS1			K5	ARINC		
K12	RS0			K4	LPC		
K11	SBUS	1		K3	PCINC		
K10	ABUS			K2	M		
K9	MBUS			K1	S3/S1		并联
K8	DRW			K0	S2/S0		并联

注：表中信号值为 "1" 表示需要将该开关拨到向上位置；信号值为空表示值为 "0"，需要将该开关拨到向下位置。

设置 SD7～SD0=20H，按一次 QD 按钮，将初始地址 20H 写进地址寄存器 AR 中。

按照表 2.40 设置信号值。

按一次 QD 按钮，将存储器 20H 单元的数据 75H 写入寄存器 R3，此时 AR=21H，A7～A0=75H；

设置 RD1～RD0=10，RS1～RS0=11，按一次 QD 按钮，将存储器 21H 单元的数据 28H

写入寄存器 R2，此时 AR=22H，A7～A0=28H，B7～B0=75H；

设置 RD1～RD0=01，RS1～RS0=10，按一次 QD 按钮，将存储器 22H 单元的数据 89H 写入寄存器 R1，此时 AR=23H，A7～A0=89H，B7～B0=28H；

设置 RD1～RD0=00，RS1～RS0=01，按一次 QD 按钮，将存储器 23H 单元的数据 32H 写入寄存器 R0，此时 AR=24H，A7～A0=32H，B7～B0=89H。

表 2.40　以"独立"信号控制方式将存储器数送往寄存器 R3 时的信号值

开关名	信号名	值	备注	开关名	信号名	值	备注
K15	RD1	1		K7	MEMW		
K14	RD0	1		K6	LAR		
K13	RS1			K5	ARINC	1	
K12	RS0			K4	LPC		
K11	SBUS			K3	PCINC		
K10	ABUS			K2	M		
K9	MBUS	1		K1	S3/S1		并联
K8	DRW	1		K0	S2/S0		并联

注：表中信号值为"1"表示需要将该开关拨到向上位置；信号值为空表示值为"0"，需要将该开关拨到向下位置。

"独立"信号控制方式实验操作结束，关闭电源，拆除导线。

5)"微程序"信号控制方式实验准备

将控制器转换开关拨到"微程序"位置，将编程开关和短路子 DZ11 设置为左边的"正常"位置。

打开电源，按复位按钮 CLR，使 TEC-8 实验系统复位。当前微指令地址 μA5～μA0 为 00H。

将操作模式开关设置为 SWC=1，SWB=1，SWA=1，准备进入数据通路实验模式。

按一次 QD 按钮，进入数据通路实验模式，当前微指令地址 μA5～μA0 为 0FH，SELCTL 绿色指示灯被点亮。

6)以"微程序"信号控制方式进行数据通路实验

(1)将数 75H 写到寄存器 R0、数 28H 写到 R1、数 89H 写到 R2、数 32H 写到 R3；

(2)设置存储器地址 AR 和程序计数器 PC 的初始地址为 20H；

(3)将寄存器 R0、R1、R2、R3 中的数依次写入存储器 20H、21H、22H 和 23H 单元，并利用右端口检查写入的数据是否正确；

(4)重新设置存储器地址 AR 的初始地址为 20H；

(5)将存储器 20H、21H、22H 和 23H 单元中的数依次写入寄存器 R3、R2、R1 和 R0，并通过 B 端口检查上一步写入的数据是否正确。

7. 实验要求

(1)做好实验预习，掌握 TEC-8 模型计算机的数据通路及各种操作情况下的数据流动路径和流动方向。

(2) 按照实验步骤完成实验操作。在每一次按下 QD 按钮之前注意观察此时的各种微操作控制信号的值以及各种状态信号的值，分析出现这些信号表明 TEC-8 模型计算机将要做什么操作；在每一次按下 QD 按钮之后注意分析哪些信号发生了改变。

(3) 根据实验步骤，绘制数据通路实验、写寄存器、读寄存器微程序流程图。

(4) 写出实验报告，内容是：

① 实验目的。

② 实验内容和实验步骤。

③ 实验数据(数据表格格式拟定)。

④ 写出进行下列操作时，数据的流动路径和流动方向：给寄存器置初值、设置存储器地址、将寄存器中的数写到存储器中、从存储器中读数到寄存器。

⑤ 结合实验现象，在每一实验步骤中，对下述信号所起的作用进行解释：SBUS、MBUS、LPC、PCINC、LAR、ARINC、MEMW、M、S0、S1、S2、S3、CIN、ABUS、SEL3、SEL2、SEL1、SEL0、DRW、SBUS，并说明在该步骤中，哪些信号是必需的，哪些信号不是必需的，哪些信号必须采用实验中使用的值，哪些信号可以不采用实验中使用的值。

8. 可探索和研究的问题

(1) 以"微程序"信号控制方式进行数据通路实验时，当前微指令地址 μA5～μA0 为 0FH 时，开始往寄存器 R0 写入数据，此时 B 端口显示的什么值？为什么？请结合此时的微操作控制信号以及此前的操作加以分析。

(2) 如果用 I-cache 和 D-cache 来代替双端口存储器，请提出一种数据通路方案。

2.5　微程序控制器实验

1. 实验类型

原理性+设计性+分析性。

2. 实验目的

(1) 掌握微程序控制器的原理；

(2) 掌握 TEC-8 模型计算机中微程序控制器的实现方法，尤其是微地址转移逻辑的实现方法；

(3) 理解条件转移对计算机的重要性。

3. 实验设备

(1) TEC-8 实验系统	1 台
(2) 逻辑测试笔(在 TEC-8 实验台上)	1 支
(3) 双踪示波器	1 台
(4) 直流万用表	1 块

4. 实验电路

微程序控制器与硬连线控制器相比，由于其具有规整性、易于设计以及需要的时序发生器相对简单，在 20 世纪七八十年代得到广泛应用。本实验通过对一个具体微程序控制器工作过程的跟踪，理解控制器在计算机中的作用，掌握微程序控制器的一般实现方法。

1) 微指令格式

根据机器指令功能、格式和数据通路所需的控制信号，TEC-8 采用如图 2.7 所示的微指令格式。微指令字长 40 位，其中，顺序字段 11 位(判别字段 P4～P0 共 5 位，后继微地址字段 NμA5～NμA0 共 6 位)；控制字段 29 位，由微命令直接控制。

图 2.7　微指令格式

前面的 4 个实验已经介绍了主要的微命令(微操作控制信号)，介绍过的微命令不再赘述，这里介绍后继微地址、判别字段和其他微命令，归纳如表 2.41 所示。

表 2.41　后继微地址、判别字段及其他微命令

信号	说明
NμA5～NμA0	后继微地址，在微指令顺序执行的情况下，它是下一条微指令的地址
P0	当它为"1"时，根据后继微地址 NμA5～NμA0 和模式开关 SWC、SWB、SWA 确定下一条微指令的地址(图 2.8)
P1	当它为"1"时，根据后继微地址 NμA5～NμA0 和指令操作码 IR7～IR4 确定下一条微指令的地址(图 2.8)
P2	当它为"1"时，根据后继微地址 NμA5～NμA0 和进位标志 C 确定下一条微指令的地址(图 2.8)
P3	当它为"1"时，根据后继微地址 NμA5～NμA0 和结果为 0 标志 Z 确定下一条微指令的地址(图 2.8)
P4	当它为"1"时，根据后继微地址 NμA5～NμA0 和中断信号 INT 确定下一条微指令的地址(图 2.8)。在 TEC-8 模型计算机中，中断信号 INT 由时序发生器在接到中断请求信号后产生
STOP	为"1"时，在 T3 结束后时序发生器停止输出节拍脉冲 T1、T2、T3
LIAR	为"1"时，在 T3 的上升沿，将 PC7～PC0 写入中断地址寄存器 IAR
PCADD	为"1"时，将当前的 PC 值加上相对转移量，生成新的 PC
INTDI	为"1"时，置允许中断标志(在时序发生器中)为"0"，禁止 TEC-8 模型计算机响应中断请求
INTEN	为"1"时，置允许中断标志(在时序发生器中)为"1"，允许 TEC-8 模型计算机响应中断请求
IABUS	为"1"时，将中断地址寄存器中的地址送往数据总线 DBUS

2) 微程序流程图

根据指令系统和控制台操作功能以及各部件之间的数据通路，TEC-8 模型计算机的微程序流程图如图 2.8 所示，图中每一个方框代表 1 条微指令，其现行微地址在方框右上角，(默

认)后继微地址在方框右下角。

由于 TEC-8 模型计算机在非"独立"信号控制方式(在此方式下，模型及各部分之间相互独立)有微程序和硬连线 2 种控制器，因此微程序控制器产生的控制信号以前缀"A-"标识，以便和硬连线控制器产生的控制信号区分。硬连线控制器产生的控制信号以前缀"B-"标识。图 2.8 中，为了简洁，许多以"A-"为前缀的信号省略了该前缀。

需要说明的是，图 2.8 中没有包括运算器组成实验、双端口存储器实验和数据通路实验三部分。这三部分的微程序都是顺序执行的。

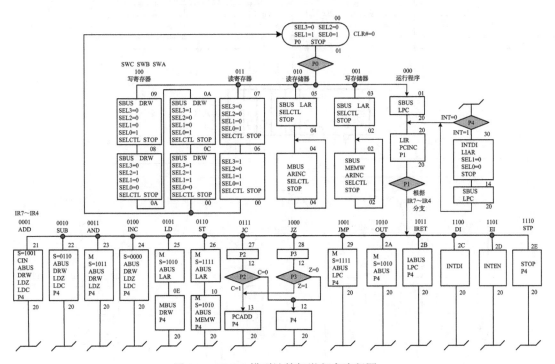

图 2.8　TEC-8 模型计算机微程序流程图

3)微程序控制器电路

根据 TEC-8 模型计算机的指令系统、控制台功能、微指令格式和微程序流程图，TEC-8 模型计算机微程序控制器电路如图 2.9 所示。

图 2.9 中，以短粗线标志的信号都有接线孔。信号 IR4-I、IR5-I、IR6-I、IR7-I、C-I 和 Z-I 的实际意义分别等同于 IR4、IR5、IR6、IR7、C 和 Z。INT 信号是时序发生器接收到中断请求脉冲 PULSE(高电平有效)后产生的中断信号。

(1)控制存储器。

控制存储器由 5 片 58C65 组成，在图 2.9 中表示为 CM4~CM0。其中 CM0 存储微指令最低的 8 位微代码，CM4 存储微指令最高的 8 位微代码。控制存储器的微代码必须与微指令格式一致。58C65 是一种 8K×8bit 的 E^2PROM 器件，地址位为 A12~A0。由于 TEC-8 模型计算机只使用其中 64B 作为控制存储器，因此将 A12~A6 接地，A5~A0 接微地址 μA5~μA0。在正常工作方式下，5 片 E^2PROM 处于只读状态；在修改控制存储器内容时，5 片 E^2PROM 处于读、写状态。

图 2.9　微程序控制器电路图

(2)微地址寄存器。

微地址寄存器 μAR 由 1 片 74174 组成，74174 是一个 6D 触发器。当按下复位按钮 CLR 时，产生的信号 CLR#(负脉冲)使微地址寄存器复位，μA5～μA0 为 00H，供读出第一条微指令使用。在一条微指令结束时，用 T3 的下降沿将微地址转移逻辑产生的下条微指令地址 NμA5、NμA4-T～NμA0-T 写入微地址寄存器。

(3)微地址转移逻辑。

微地址转移逻辑由若干与门和或门组成，实现与或逻辑。深入理解微地址转移逻辑，对于理解计算机的本质有很重要的作用。计算机现在的功能很强大，但是它建立在两个很重要的基础之上，一个是最基本的加法和减法功能，另一个是条件转移功能。设想，如果没有条件转移指令，实现 10000 个数相加至少需要 20000 条指令，还不如用算盘的计算速度快。可是有了条件转移指令后，10000 个数相加，使用不超过 20 条指令就能实现。因此可以说，最基本的加法和减法功能以及条件转移功能给计算机后来的强大功能打下了基础。本实验中微地址转移逻辑的实现方法是一个很简单的例子，但对于理解条件转移的实现方法大有益处。

显然，TEC-8 采用多路转移方式形成微程序所需的多路分支，其可能的分支转移点共有 5 处，分别用判别位 P0～P4 指示(图 2.8)，很容易地可以写出如图 2.9 所示的微程序控制电路后继微地址的形成逻辑：

```
NμA5-T = NμA5
NμA4-T = NμA4 or (P4 and INT)
NμA3-T = NμA3 or (P0 and SWC) or (P1 and IR7)
NμA2-T = NμA2 or (P0 and SWB) or (P1 and IR6)
NμA1-T = NμA1 or (P0 and SWA) or (P1 and IR5)
NμA0-T = NμA0 or (P1 and IR4) or (P2 and C) or (P3 and Z)
```

下面分析根据后继微地址 NμA5～NμA0、判别位 P1 和指令操作码如何实现微程序分支。

将取指微指令(如图 2.8 中微地址 20 处所示)在 T3 的上升沿从双端口存储器中取出的指令写入指令寄存器 IR。在这条微指令中，**默认后继微地址为 20H**，判别位 P1 为"1"、其他判别位均为"0"。因此根据微地址转移逻辑，很容易就知道，下一条微指令的微地址是：

```
NμA5-T = NμA5
NμA4-T = NμA4
NμA3-T = NμA3 or (P1 and IR7)
NμA2-T = NμA2 or (P1 and IR6)
NμA1-T = NμA1 or (P1 and IR5)
NμA0-T = NμA0 or (P1 and IR4)
```

新产生的微地址 NμA5-T～NμA0-T 在 T3 的下降沿写入微地址寄存器 μAR，实现了图 2.8 所要求的根据指令操作码进行微程序分支。

5. 实验任务

(1)正确设置模式开关 SWC、SWB、SWA，用单微指令方式(单微指令开关 DP 设置为"1")跟踪控制台操作读寄存器、写寄存器、读存储器、写存储器的执行过程，记录每一步的微地址 μA5～μA0、后继微地址 NμA5～NμA0、判别位 P4～P0 和有关控制信号的值，写出这 4 种控制台操作的作用和使用方法。

(2)正确设置指令操作码 IR7～IR4，用单微指令方式跟踪表 1.2 中除停机指令 STP 之外所有指令的执行过程。记录每一步的微地址 μA5～μA0、后继微地址 NμA5～NμA0、判别位 P4～P0 和有关控制信号的值。对于 JZ 指令，跟踪 Z=1，Z=0 两种情况；对于 JC 指令，跟踪 C=1，C=0 两种情况。

6. 实验步骤

1)实验准备

将控制器转换开关拨到"微程序"位置，将编程开关和跳线子 DZ11 设置为左边的"正常"位置，将单微指令开关 DP 设置为"1"(朝上)。在单微指令开关 DP 为"1"时，每按一次 QD 按钮，只执行一条微指令。

将信号 IR4-I、IR5-I、IR6-I、IR7-I、C-I、Z-I 依次通过接线孔与电平开关 K0～K5 连接。通过拨动开关 K0～K5，可以对上述信号设置希望的值。

打开电源。

2）跟踪控制台操作读寄存器、写寄存器、读存储器、写存储器的执行

按复位按钮 CLR 后，拨动操作模式开关 SWC、SWB、SWA 到希望的位置，按一次 QD 按钮，则进入希望的控制台操作状态。控制台模式开关和控制台操作的对应关系如表 2.42 所示。

表 2.42　控制台模式开关和控制台操作的对应关系

SWC	SWB	SWA	工作模式
0	0	0	启动程序运行
0	0	1	写存储器
0	1	0	读存储器
0	1	1	读寄存器
1	0	0	写寄存器

跟踪过程中按一次复位按钮 CLR，能够结束本次跟踪操作。

3）跟踪指令的执行

按复位按钮 CLR 后，设置操作模式开关 SWC=0，SWB=0，SWA=0，按一次 QD 按钮，则进入启动程序运行模式。设置电平开关 K3～K0，使其代表希望的指令操作码 IR7～IR4，按 QD 按钮，跟踪指令的执行。注意，这里只跟踪每一条指令的执行流程，分析指令执行与相关微操作控制信号的关系，因此与操作数（如果有操作数的话）无关。

跟踪过程中按一次复位按钮 CLR，能够结束本次跟踪操作。

7．实验要求

（1）认真做好实验预习，掌握 TEC-8 模型计算机微程序控制器的工作原理。

（2）写出实验报告，内容是：

①实验目的和实验内容。

②控制台操作的跟踪过程。写出每一步的微地址 $\mu A5～\mu A0$、后继微地址 $N\mu A5～N\mu A0$、判别位 P4～P0 和有关控制信号的值。

③写出 4 种控制台操作的作用和使用方法。

④指令的跟踪过程。写出每一步的微地址 $\mu A5～\mu A0$、后继微地址 $N\mu A5～N\mu A0$、判别位 P4～P0 和有关控制信号的值。

⑤分析 TEC-8 模型计算机中的微地址转移逻辑和各种微程序分支的对应关系。

8．可探索和研究的问题

（1）如图 2.8 所示，在写寄存器操作中写入寄存器 R0 时，SEL1～SEL0=10，这是必需的吗？可不可以是其他值？

（2）图 2.8 以微程序流程图的方式给出了模型机指令执行以及控制台操作的具体过程，它其实是微程序控制计算机中微程序的一种表达方式。微程序控制计算机中微程序还有另一种方式是微指令代码表。

如表 2.43 所示的就是微指令代码表样例，它以表格形式注明了控存中每一个地址中各个微操作控制信号的值，并记录后继微地址。表中已经把 TEC-8 微程序控制器中 00H、01H、02H 单元的相关信息填好了，请尝试把微指令代码表填写完整。

表 2.43　微指令代码表样例

微地址	CM4 信号								CM3 信号								CM2 信号								CM1 信号								CM0 信号		
	PCADD	SELCTL	SEL3	SEL2	SEL1	SEL0	INTEN	INTDI	LIAR	IABUS	MBUS	SBUS	ABUS	M	S3	S2	S1	S0	CIN	LDC	LDZ	LIR	STOP	MEMW	LAR	ARINC	LPC	PCINC	DRW	P4	P3	P2	P1	P0	NμA0~NμA5
00			1	1																			1											1	01
01												1															1								20
02		1										1					1					1	1												02
03		1										1											1		1										02
⋮																																			
3F																																			

在进行微程序控制计算机的设计过程中，填好了这个微指令代码表后，只需要把相关内容送入控制存储器中，微程序计算机的控制器就差不多设计完成了。

(3) 分析微程序流程图与转移逻辑、时序信号的关系，请解释微操作控制信号 STOP 的作用。这个信号与单微指令开关 DP 有无相似之处？

(4) 已知 TEC-8 模型计算机可用控存空间中 11H、2FH、3FH 共 3 个单元空闲，试根据现有的结构、微操作控制信号和机器时序，尝试进行指令扩展，扩展出一条新指令。要求给出该指令对应的微程序，列出每一拍所需的微操作控制信号，分配控存空间，并验证其功能。

提示：可以尝试下列指令，观察能否扩展？如果能，怎样扩展？如果不能，为什么(不一定限于下列指令，但是要求所扩展的指令尽量功能比较明确、单一，且应该能完成一些经常会用到的功能)？

OR	R0, R1	//或操作，R0 与 R1 进行逻辑或操作，结果送往 R0
NOT	R0	//按位求反，R0 按位取反，结果送往 R0
LEFT	R0	//左移，将 R0 左移 1 位，结果送往 R0
MOV R0, R1		//数据传送，将 R1 的值送往 R0
LEFT	R0, X	//左移 X 位，将 R0 左移 X 位，结果送往 R0
MUL	R0, R1	//无符号乘法，R0 与 R1 相乘，结果送往 R0

上述指令中,假如乘法指令只是 2 个无符号 4 位数相乘呢？假如控存空间不加以限制(也即不考虑控存中存储单元的分配)呢？

(5) 能将图 2.7 中的微指令格式重新设计压缩长度吗？

2.6　CPU 组成与机器指令的执行实验

1. 实验类型

原理性+分析性+设计性。

2. 实验目的

(1)用微程序控制器控制数据通路，将相应的信号线连接，构成一台能运行测试程序的CPU；

(2)执行一个简单的程序，掌握机器指令与微指令的关系；

(3)理解计算机如何取出指令、执行指令、在一条指令执行结束后自动取出下一条指令并执行，牢固建立计算机整机概念。

3. 实验设备

(1)TEC-8 实验系统　　　　　　　　　　　1 台
(2)逻辑测试笔(在 TEC-8 实验台上)　　　　1 支
(3)双踪示波器　　　　　　　　　　　　　1 台
(4)直流万用表　　　　　　　　　　　　　1 块

4. 实验电路

本实验将前面几个实验中的所有电路，包括时序发生器、通用寄存器堆、算术逻辑运算部件、存储器、微程序控制器等模块，它们组合在一起，构成一台能够运行程序的简单处理机。数据通路的控制由微程序控制器完成，由微程序解释指令的执行过程，从存储器取出一条指令到执行指令结束的一个指令周期，是由微程序完成的，即一条机器指令对应一个微程序序列。

在本实验中，程序装入存储器中和给寄存器设置初值是在控制台方式下手工完成的，程序执行的结果也需要用控制台操作来检查。

下面简要介绍 TEC-8 模型计算机的基本操作模式。除了 3 个基本实验，TEC-8 模型计算机共有 4 种控制台操作模式，它们和运行程序模式一起构成了 TEC-8 模型计算机的基本操作模式(表 2.44)。

表 2.44　TEC-8 模型计算机基本操作模式

SWC	SWB	SWA	工作模式
0	0	0	启动程序运行
0	0	1	写存储器
0	1	0	读存储器
0	1	1	读寄存器
1	0	0	写寄存器

1)写存储器

写存储器操作用于向存储器中写测试程序和数据。

按复位按钮 CLR，设置 SWC=0，SWB=0，SWA=1。先按一次 QD 按钮，控制台指示灯亮，指示灯 μA5～μA0 显示 03H，进入写存储器操作。在数据开关 SD7～SD0 上设置存储器地址，通过数据总线指示灯 D7～D0 可以检查地址是否正确。然后按一次 QD 按钮，将存储器地址写入地址寄存器 AR，指示灯 μA5～μA0 显示 02H，指示灯 AR7～AR0 显示当前存储器地址。在数据开关上设置被写的指令。再按一次 QD 按钮，将指令写入存储器。写入指令后，从指示灯 AR7～AR0 上可以看到地址寄存器自动加 1。在数据开关上设置下一条指令，按一次 QD 按钮，将第 2 条指令写入存储器。这样一直继续下去，直到将测试程序全部写入存储器，此时按复位按钮 CLR，将退出写存储器操作，指示灯 μA5～μA0 显示 00H。

事实上，在写存储器操作过程中任意时刻按复位按钮 CLR，都将退出写存储器操作，指示灯 μA5～μA0 显示 00H。

2）读存储器

读存储器操作用于检查程序的执行结果和检查程序是否正确写入存储器。

按复位按钮 CLR，设置 SWC=0，SWB=1，SWA=0。先按一次 QD 按钮，控制台指示灯亮，指示灯 μA5～μA0 显示 05H，进入读存储器操作。在数据开关 SD7～SD0 上设置存储器地址，通过指示灯 D7～D0 可以检查地址是否正确。然后按一次 QD 按钮，指示灯 AR7～AR0 上显示出当前存储器地址，在指示灯 D7～D0 上显示出指令或数据。再按一次 QD 按钮，则在指示灯 AR7～AR0 上显示出下一个存储器地址，在指示灯 D7～D0 上显示出下一条指令。一直操作下去，直到程序和数据全部检查完毕，此时按复位按钮 CLR，将退出读存储器操作，指示灯 μA5～μA0 显示 00H。

同样地，在读存储器操作过程中任意时刻按复位按钮 CLR，都将退出读存储器操作，指示灯 μA5～μA0 显示 00H。

3）写寄存器

写寄存器操作用于给各通用寄存器设置初值。

按复位按钮 CLR，设置 SWC=1，SWB=0，SWA=0。按一次 QD 按钮，控制台指示灯亮，指示灯 μA5～μA0 显示 09H，进入写寄存器操作。在数据开关 SD7～SD0 上设置 R0 的值，通过指示灯 D7～D0 可以检查地址是否正确，按 QD 按钮，将设置的数写入 R0。指示灯 μA5～μA0 显示 08H，指示灯 B7～B0 显示 R0 的值，在数据开关 SD7～SD0 上设置 R1 的值，按 QD 按钮，将设置的数写入 R1。指示灯 μA5～μA0 显示 0AH，指示灯 B7～B0 显示 R1 的值，在数据开关 SD7～SD0 上设置 R2 的值，按 QD 按钮，将设置的数写入 R2。指示灯 μA5～μA0 显示 0CH，指示灯 B7～B0 显示 R2 的值，在数据开关 SD7～SD0 上设置 R3 的值，按 QD 按钮，将设置的数写入 R3，此时指示灯 μA5～μA0 显示 00H，表示已经退出写寄存器操作模式。

跟读写存储器操作类似，在写寄存器操作过程中任意时刻按复位按钮 CLR，都将退出写寄存器操作，使得指示灯 μA5～μA0 显示 00H。

注意：写寄存器过程中规定必须从 R0 开始依次写入各自的值，如果想仅更改特定寄存器的值，需要先通过读寄存器操作把该特定寄存器之前的寄存器的内容先读出来，然后在写寄存器方式下先把这几个寄存器的值写回去，直到写该特定寄存器为止方可正常更新特定寄存器的值。

4）读寄存器

读寄存器用于检查程序执行的结果。

按复位按钮 CLR，设置 SWC=0，SWB=1，SWA=1。按一次 QD 按钮，控制台指示灯亮，指示灯 μA5～μA0 显示 07H，进入读寄存器操作。指示灯 A7～A0 显示 R0 的值，指示灯 B7～B0 显示 R1 的值。然后按一次 QD 按钮，指示灯 μA5～μA0 显示 06H，指示灯 A7～A0 显示

R2 的值, 指示灯 B7～B0 显示 R3 的值。再按一次 QD 按钮, 指示灯 µA5～µA0 显示 00H, 表示已经退出读寄存器操作模式。

也就是说, TEC-8 模型机固定地由 A、B 端口分别读出 R0、R1 的值和 R2、R3 的值, 该次序不可颠倒。

5) 启动程序运行

当程序已经写入存储器后, 按复位按钮 CLR, 使 TEC-8 模型计算机复位, 设置 SWC=0, SWB=0, SWA=0, 按一次启动按钮 QD, 进入运行程序模式(微地址为 01H)。首先在数据开关 SD7～SD0 上设置程序入口地址, 按一次启动按钮 QD, 程序开始运行。如果单微指令开关 DP=1, 那么每按一次 QD 按钮, 执行一条微指令; 连续按 QD 按钮, 直到测试程序结束。如果单微指令开关 DP=0, 按一次 QD 按钮, 程序将一直运行直到停机指令 STP 为止。

5. 实验任务

1) 实验准备

(1) 将如表 2.45 所示的测试程序手工汇编成十六进制和二进制机器代码。

表 2.45 需要在预习时完成。手工汇编时请仔细分析表 1.2 中的指令格式。

表 2.45 CPU 组成与机器指令的执行实验测试程序

地址	指令	十六进制机器代码	二进制机器代码
00H	LD R0, [R3]		
01H	INC R3		
02H	LD R1, [R3]		
03H	SUB R0, R1		
04H	JZ 0BH		
05H	ST R0, [R2]		
06H	INC R3		
07H	LD R0, [R3]		
08H	ADD R0, R1		
09H	JC 0CH		
0AH	INC R2		
0BH	ST R2, [R2]		
0CH	AND R0,R1		
0DH	OUT R2		
0EH	STP		
0FH	85H		
10H	23H		
11H	0EFH		

需要注意的是, 这里存储器 0FH、10H、11H 单元存放的不是指令, 而是数。

(2)通过简单的连线构成能够运行程序的 TEC-8 模型计算机。

将指令寄存器高 4 位输出信号 IR7-O、IR6-O、IR5-O、IR4-O 与控制器的指令操作码输入信号 IR7-I、IR6-I、IR5-I、IR4-I 依次连接起来，将运算器的进位标志输出信号 C-O、结果为 0 标志输出信号 Z-O 与控制器的进位标志信号 C-I、控制器的结果为 0 标志信号 Z-I 分别连接起来，一共需要连接 6 根线。

现在，TEC-8 模型计算机才真正成为可以运行程序的整机系统。

(3)将测试程序(包括代码和数据)写入存储器，并在寄存器中设置初值。

将手工汇编得到的测试程序的二进制代码按表 2.45 中的地址写入存储器。设置寄存器 R2 的值为 12H，寄存器 R3 的值为 0FH。

2)使用单微指令方式运行测试程序，跟踪执行过程，并记录相关数据和实验现象

程序运行结束后需要通过控制台操作查看程序运行结果并记录。

3)恢复测试程序的初值，用连续方式运行一遍，记录相关数据和实验现象

程序运行结束后同样需要通过控制台操作查看程序运行结果并记录。

6. 实验步骤

1)实验准备

将控制器转换开关拨到"微程序"位置，将编程开关和短路子 DZ11 设置为左边的"正常"位置。

按要求完成连线。

打开电源。

2)在单微指令方式下跟踪程序的执行

(1)将模式开关设置为 SWC=0，SWB=0，SWA=1，按一次复位按钮 CLR，通过写存储器操作将程序写入存储器。

写存储器结束后，按一次复位按钮 CLR，退出写存储器模式。

(2)将模式开关设置为 SWC=0，SWB=1，SWA=0，按一次复位按钮 CLR，然后通过读操作将程序和数据逐个读出，检查程序和数据是否正确写入存储器。

读存储器操作结束后，按一次复位按钮 CLR，退出读存储器模式。

(3)将模式开关设置为 SWC=1，SWB=0，SWA=0，按一次复位按钮 CLR，然后通过写寄存器操作设置寄存器 R2 为 12H、R3 为 0FH。

写寄存器操作结束后，按一次复位按钮 CLR，退出读存储器模式。

(4)将模式开关设置为 SWC=0，SWB=1，SWA=1，按一次复位按钮 CLR，然后通过读寄存器操作检查寄存器初值设置是否正确。

读寄存器操作结束后，按一次复位按钮 CLR，退出读存储器模式。

(5)将单微指令开关 DP 设置为"1"，使程序在单微指令下运行。

(6)将模式开关设置为 SWC=0，SWB=0，SWA=0，准备进入程序运行模式。

按复位按钮 CLR，复位程序计数器 PC 为 00H。

(7)按一次 QD 按钮，进入运行程序模式。

在数据开关 SD7~SD0 上设置程序入口地址，按一次启动按钮 QD，程序开始运行。

此后，每按一次 QD 按钮，执行一条微指令，直到程序结束。

在程序执行过程中，记录下列信号的值：$\mu A5 \sim \mu A0$、$N\mu A5 \sim N\mu A0$、$PC7 \sim PC0$、$IR7 \sim IR0$、$AR7 \sim AR0$、$D7 \sim D0$、$A7 \sim A0$ 和 $B7 \sim B0$。

(8)将模式开关设置为 SWC=0，SWB=1，SWA=1，按一次复位按钮 CLR，然后通过读寄存器操作检查 4 个寄存器的值并记录。

读寄存器操作结束后，按一次复位按钮 CLR，退出读存储器模式。

(9)将模式开关设置为 SWC=0，SWB=1，SWA=0，按一次复位按钮 CLR，通过读存储器操作检查存储器 12H 单元、13H 单元的值并记录。

读存储器操作结束后，按一次复位按钮 CLR，退出读存储器模式。

3)在连续方式下运行程序

(1)恢复初始数据。

由于单微指令方式下运行程序不会改变程序中的指令，其写存储器操作与源程序所在存储空间也不重叠，因此运行程序不会改变原来的程序，故只要重新设置 R2 为 12H、R3 为 0FH 即可。

(2)连续状态运行测试程序并记录结果。

将模式开关设置为 SWC=0，SWB=0，SWA=0，单微指令开关 DP 设置为"0"，按复位按钮 CLR，准备进入程序运行模式。

在数据开关 SD7～SD0 上设置程序入口地址，按一次启动按钮 QD，程序开始运行，直至 STP 指令。记录此时 $\mu A5 \sim \mu A0$、$N\mu A5 \sim N\mu A0$、$PC7 \sim PC0$、$IR7 \sim IR0$、$AR7 \sim AR0$、$D7 \sim D0$、$A7 \sim A0$ 和 $B7 \sim B0$ 等显示的值。

通过读寄存器操作检查 4 个寄存器的值并记录。

通过读存储器操作检查存储器 12H 单元、13H 单元的值并记录。

7. 实验要求

(1)认真做好实验预习，在预习时完成程序汇编成十六进制机器代码。
(2)写出实验报告，内容是：
①实验目的。
②实验内容和实验步骤。
③实验现象和实验数据。
④结合程序中条件转移指令的执行过程说明计算机中如何实现条件转移功能。
⑤对相关现象的分析以及实验中的体会。

8. 可探索和研究的问题

(1)仔细对比可发现，本实验的测试程序使用了除了中断相关功能以外的所有指令，但是没有用到无条件转移指令 JMP。全面测试 TEC-8 模型计算机的功能是需要把所有指令都包括近来的。请尝试写出新的测试程序，说明其初始值，并利用这个测试程序对 TEC-8 模型计算机进行全面测试。

(2)停机指令使计算机停在何种状态(PC、μAR 的值)，为什么？

2.7　中断原理实验

1. 实验类型

原理性+分析性。

2. 实验目的

(1) 从硬件、软件结合的角度，模拟单级中断和中断返回的过程；
(2) 通过简单的中断系统，掌握中断控制器、中断向量、中断屏蔽等概念；
(3) 了解微程序控制器与中断控制器协调的基本原理；
(4) 掌握中断子程序和一般子程序的本质区别，掌握中断的突发性和随机性。

3. 实验设备

(1) TEC-8 实验系统	1 台
(2) 逻辑测试笔(在 TEC-8 实验台上)	1 支
(3) 双踪示波器	1 台
(4) 直流万用表	1 块

4. 实验原理

1) TEC-8 模型计算机中的中断机构

TEC-8 模型计算机中有一个简单的单级中断系统，只支持单级中断、单个中断请求，有中断屏蔽功能，旨在说明最基本的工作原理。

TEC-8 模型计算机中有 2 条指令用于允许和屏蔽中断。DI 指令称为关中断指令。此条指令执行后，即使发生中断请求，TEC-8 也不响应中断请求。EI 指令称为开中断指令，此条指令执行后，TEC-8 响应中断。在时序发生器中，设置了一个允许中断触发器 EN_INT，当它为 "1" 时，允许中断；当它为 "0" 时，禁止中断发生。复位脉冲 CLR#使 EN_INT 复位为 "0"。使用 VHDL 语言描述的 TEC-8 中的中断控制器如下：

```
INT_EN_P: process(CLR#,MF,INTEN,INTDI,PULSE,EN_INT)
      begin
      if CLR# = '0'  then
          EN_INT<= '0';
      elsifMF'event and MF = '1'  then
          EN_INT <= INTEN or(EN_INT and (not INTDI));
      end if;
              INT <= EN_INT and PULSE;
      end process;
```

在上面的描述中，CLR#是按下复位按钮 CLR 后产生的低电平有效的复位脉冲信号；MF 是 TEC-8 的主时钟信号；INTEN 是执行 EI 指令产生的允许中断信号；INTDI 是执行 DI 指令产生的禁止中断信号；PULSE 是按下 PULSE 按钮产生的高电平有效的中断请求脉冲信号；

INT 是时序发生电路向微程序控制器输出的中断程序执行信号。

为保存中断断点的地址，以便程序被中断后能够返回原来的地址继续执行，设置了一个中断地址寄存器 IAR，见图 1.4。中断地址寄存器 IAR 是 1 片 74374(U49)。当信号 LIAR 为"1"时，在 T3 的上升沿，将 PC 的值保存在 IAR 中。当信号 IABUS 为"1"时，IABUS 中保存的 PC 送往数据总线 DBUS，指示灯显示出中断地址。由于本实验系统只有一个断点寄存器而无堆栈，因此仅支持单级中断而不支持多级中断。

中断向量即中断服务程序的入口地址，本实验系统中由数据开关 SD7～SD0 提供。

2) 中断的检测、执行和返回过程

一条指令的执行由若干条微指令构成。TEC-8 模型计算机中，除指令 EI、DI 外，每条指令执行过程的最后一条微指令都包含判别位 P4，用于判断有无中断发生，见图 2.8。因此在每一条指令执行之后，下一条指令执行之前都要根据中断信号 INT 是否为"1"决定微程序分支。如果信号 INT 为"1"，则转微地址 30H，进入中断处理；如果信号 INT 为"0"，则转微地址 20H，继续取下一条指令然后执行。

检测到中断信号 INT 后，微程序转到微地址 30H。该微指令产生 INTDI 信号，禁止新的中断发生；产生 LIAR 信号，将程序计数器 PC 的当前值保存在中断地址寄存器(断点寄存器)中；产生 STOP 信号，等待手动设置中断向量。在数据开关 SD7～SD0 上设置好中断地址，机器将中断向量读到 PC 后，转到中服务程序继续执行。

执行一条指令 IRET，从中断地址返回。该条指令产生 IABUS 信号，将断点地址送往数据总线 DBUS，产生信号 LPC，将断点从数据总线装入 PC，恢复被中断的程序。

发生中断时，关中断由硬件负责。而中断现场(包括 4 个寄存器、进位标志 C 和结果为 0 标志 Z)的保存和恢复由中断服务程序完成。中断服务程序的最后两条指令一般是开中断指令 EI 和中断返回指令 IRET。为了保证从中断服务程序能够返回主程序，EI 指令执行后，不允许立即被中断。因此，EI 指令执行过程中的最后一条微指令中不包含 P4 判别位。

需要特别指出的是，本实验仅是一种原理性验证实验，对中断系统的许多内容进行了简化，例如，未提供对标识寄存器内容进行保护的机制等，因此，实验中对于标识寄存器不予以考虑。另外，为了避免相互干扰，**约定：R1 为主程序专用寄存器，R2 为中断服务程序专用寄存器，R3 为进行现场保存时的存储器地址，R0 则可为主程序、中断服务程序共用。**

本实验中，为便于观察中断的功能与中断服务程序的执行过程，要求主程序采用连续执行方式，中断服务程序采用单微指令执行方式。

5. 实验任务

(1)了解中断每个信号的意义和变化条件，并将表 2.46 中的主程序和表 2.47 中的中断服务程序手工汇编成十六进制与二进制机器代码。**此项任务在预习时完成。**

表 2.46　CPU 组成与机器指令的执行实验主程序

地址	指令	十六进制机器代码	二进制机器代码
00H	EI		
01H	INC R0		
02H	INC R0		

续表

地址	指令	十六进制机器代码	二进制机器代码
03H	INC R0		
04H	INC R0		
05H	INC R0		
06H	INC R0		
07H	INC R0		
08H	INC R0		
09H	JMP R1		

表 2.47　CPU 组成与机器指令的执行实验中断服务程序

地址	指令	十六进制机器代码	二进制机器代码	备注
45H	ST R0, [R3]			保存现场
46H	OUT R0			查看 R0 的值
47H	STP			
48H	INC R2			
49H	OUT R2			查看 R2 的值
4AH	STP			
4BH	LD R0, [R3]			恢复现场
4CH	EI			开中断
4DH	IRET			中断返回

(2)为了保证此程序能够循环执行,应当将 R1 预先设置为 01H,R0 的初值设置为 0;为保证中断服务程序正常工作,将 R2 设为 0,R3 设为 0FFH。

(3)将 TEC-8 连接成一个完整的计算机。

(4)将主程序和中断服务程序装入存储器,执行 3 遍主程序和中断服务程序。列表记录中断有关信号的变化情况。**特别记录好断点和 R0 的值。**

(5)将存储器 00H 中的 EI 指令改为 DI,重新运行程序,记录发生的现象。

6. 实验步骤

(1)实验准备。

将控制器转换开关拨到"微程序"位置,将编程开关设置为"正常"位置。

将信号 IR4-I、IR5-I、IR6-I、IR7-I、C-I、Z-I 依次通过接线孔与信号 IR4-O、IR5-O、IR6-O、IR7-O、C-O、Z-O 连接,使 TEC-8 模型计算机成为能够运行程序的整机系统。

打开电源。

(2)通过控制台写存储器操作,将主程序和中断服务程序写入存储器。

(3)执行 3 遍主程序和中断子程序。

①通过控制台写寄存器操作将 R0 设置为 00H,将 R1 设置为 01H,将 R2 设置为 00H,将 R3 设置为 0FFH。

②将单微指令开关 DP 设置为连续运行方式(DP=0),按复位按钮 CLR,使 TEC-8 模型计算机复位。按 QD 按钮,设置程序入口地址为 00H,启动程序从 00H 开始执行。

③按一次 PULSE 按钮，产生一个中断请求信号 PULSE，中断主程序的运行。记录下这时的断点 PC(指示灯 PC7～PC0 上显示)、R0(指示灯 A7～A0 上显示)的值。

④将单微指令开关 DP 设置为单微指令方式(DP=1)，在数据开关上设置中断服务程序的入口地址 45H。按 QD 按钮，一步步执行中断服务程序，记录本次中断服务程序中输出的内容(R2 的值)，直到返回断点为止。

⑤按照步骤①～④，再重复做 2 遍。

(4)将存储器 00H 的指令改为 DI，按照步骤(3)重做一遍，记录发生的现象。

(5)读取存储器相关单元的值，与前面记录的内容进行比较。

7. 实验要求

(1)认真做好实验的预习，在预习时将程序汇编成十六进制机器代码。

(2)写出实验报告，内容是：

①实验目的。

②填写表 2.46、表 2.47、表 2.48。

表 2.48　中断原理实验结果

执行程序顺序	PC 断点值	中断时的 R0	中断时的 R2
第 1 遍			
第 2 遍			
第 3 遍			
第 4 遍			

③分析实验结果，得到什么结论？

④简述 TEC-8 模型计算机的中断机制。

8. 可研究和探索的问题

在 TEC-8 模型计算机中，采用的是信号 PULSE 高电平产生中断。如果改为信号 PULSE 的上升沿产生中断，怎么设计时序发生器中的中断机制？请尝试提出设计方案。

第3章 计算机组成原理课程综合设计实验

本章的 4 个课程综合设计实验是大型的综合性研究课题。采用 Altera 可编程器件 EPM7128S CPLD 或通过改写 E²PROM 中的控存逻辑实现，建议时间上相对集中安排、由学生独立完成。多年的教学实践证明，课程综合设计是理论与实践相统一、培养学生动手能力的有效途径。学生根据自己情况选择其中 1～2 个课题，建议**其中至少完成一项硬连线控制器或 ALU 的设计**。

3.1 模型机硬连线控制器设计实验

1. 实验目的

(1)融会贯通"计算机组成与计算机系统结构"课程的各章教学内容，通过知识的综合运用，加深对 CPU 各模块工作原理及相互联系的认识。

(2)掌握硬连线控制器的设计方法。

(3)学习运用 EDA 设计工具，掌握用 EDA 设计复杂逻辑电路的方法。

(4)培养科学研究能力，取得设计和调试的实践经验。

2. 实验设备

(1)TEC-8 实验系统   1 台
(2)逻辑测试笔(在 TEC-8 实验台上) 1 支
(3)PC   1 台
(4)双踪示波器   1 台
(5)直流万用表   1 块

3. 设计与调试任务

1)设计一个硬连线控制器和 TEC-8 模型计算机的数据通路结合在一起，构成一个完整的 CPU，该 CPU 要求：

(1)能够完成控制台操作：启动程序运行、读存储器、写存储器、读寄存器和写寄存器。

(2)能够执行表 3.1 中的指令，完成规定的指令功能。

(3)在 QUARTUS Ⅱ下对硬连线控制器的设计方案进行编程和编译。

(4)将编译后的硬连线控制器下载到 TEC-8 实验台上的可编程器件 EPM7128S 中，使 EPM7128S 成为一个硬连线控制器。

(5)根据指令系统，利用 2.6 节实验中的测试程序，或者**编写专门的检测硬连线控制器正确性的测试程序**，并用测试程序对硬连线控制器在单微指令方式下进行调试，直到成功。

表 3.1　模型机硬连线控制器指令系统

名称	助记符	功能	指令格式		
			IR7 IR6 IR5 IR4	IR3 IR2	IR1 IR0
加法	ADD Rd, Rs	Rd ← Rd + Rs	0001	Rd	Rs
减法	SUB Rd, Rs	Rd ← Rd − Rs	0010	Rd	Rs
逻辑与	AND Rd, Rs	Rd ← Rd and Rs	0011	Rd	Rs
加 1	INC Rd	Rd ← Rd + 1	0100	Rd	XX
取数	LD Rd, [Rs]	Rd ← [Rs]	0101	Rd	Rs
存数	ST Rs, [Rd]	Rs → [Rd]	0110	Rd	Rs
C 条件转移	JC offset	若 C=1，则 PC ← @ + offset	0111	offset	
Z 条件转移	JZ offset	若 Z=1，则 PC ← @ + offset	1000	offset	
无条件转移	JMP Rd	PC ← Rd	1001	Rd	XX
输出	OUT Rs	DBUS ← Rs	1010	XX	Rs
停机	STP	暂停运行	1110	XX	XX

注：指令操作数部分的 Rs 代表源寄存器号，Rd 代表目的寄存器号，XX 代表无关项(可以是随意值)。条件转移指令中的@代表当前 PC 的值，**是当前指令的 PC 值加 1 后的结果**；offset 是一个 4 位的有符号数，第 3 位是符号位，0 代表正数，1 代表负数。

2) 在调试成功的基础上，整理出设计文件，包括：

(1) 硬连线控制器逻辑模块图；

(2) 硬连线控制器指令周期流程图；

(3) 硬连线控制器的硬件描述语言源程序；

(4) 测试程序；

(5) 设计说明书；

(6) 调试总结。

4. 设计提示

1) 硬连线控制器的基本原理

硬连线控制器的基本原理，每个微操作控制信号 S 是一系列输入量的逻辑函数 (Function)，即用组合逻辑来实现：

$$S = f(Im, Mi, Tk, Bj)$$

式中，Im 是机器指令操作码译码器的输出信号；Mi 是节拍电位信号；Tk 是节拍脉冲信号；Bj 是状态条件信号。

在 TEC-8 实验系统中，节拍脉冲信号 Tk(T1～T3) 已经直接输送给数据通路。因为机器指令系统比较简单，省去操作码译码器，4 位指令操作码 IR4～IR7 直接成为 Im 的一部分；由于 TEC-8 实验系统有控制台操作，控制台操作可以看作一些特殊的功能复杂的指令，因此 SWC、SWB、SWA 可以看作 Im 的另一部分。Mi 是时序发生器产生的节拍信号 W1～W3；Bj 包括 ALU 产生的进位标志 C、结果为 0 标志 Z 等。

2)机器指令周期流程图设计

设计微程序控制器使用流程图，设计硬连线控制器同样使用流程图。微程序控制器的控制信号以微指令周期为时间单位，硬连线控制器以节拍电位(CPU 周期)为时间单位，两者在本质上是一样的，1 个节拍电位时间和 1 条微指令时间都是从节拍脉冲 T1 的上升沿到 T3 的下降沿的一段时间。在微程序控制器的微程序流程图中，一个执行框代表一条微指令；在硬连线控制器的微程序流程图中，一个执行框代表一个节拍电位时间。

图 3.1 画出了模型计算机硬连线控制器的参考流程图。

图 3.1　TEC-8 模型计算机硬连线控制器参考流程图

(1)执行一条机器指令的节拍电位数。

在 TEC-8 实验系统中，采用了可变节拍电位数来执行一条机器指令。大部分指令的执行只需 2 个节拍电位 W1、W2，少数指令需要 3 个节拍电位 W1、W2、W3。为了满足这种要求，在执行一条指令时除了产生完成指令功能所需的微操作控制信号外，对需要 3 个电位节拍的指令，还要求它在 W2 时产生一个信号 LONG。信号 LONG 送往时序信号发生器，时序信号发生器接到信号 LONG 后产生节拍电位 W3。

某些操作需要 4 个节拍电位才能完成规定的功能。为了满足这种情况，可以将控制台操作化成两条机器指令的节拍。例如，为了区分写寄存器操作的 2 个不同阶段，可以用某些特殊的寄存器标志。例如，建立一个 ST0 标志，当 ST0=0 时，表示该控制台操作的第 1 个 W1、W2；当 ST0=1 时，表示该控制台操作的第 2 个 W1、W2。

为了适应更为广泛的情况，TEC-8 的时序信号发生器允许只产生一个节拍电位 W1。当 1 条指令或者一个控制台在 W1 时，只要产生信号 SHORT，该信号送往时序信号发生器，则时序信号发生器在 W1 后不产生节拍电位 W2，下一个节拍仍是 W1。

信号 LONG 和 SHORT 只对紧跟其后第一个节拍电位的产生起作用。

在硬连线控制器中，控制台操作的流程图与机器指令流程图类似。

(2)组合逻辑译码表。

设计出硬连线控制器流程图后，就可以设计译码电路。传统的做法是先根据流程图列出译码表，作为逻辑设计的根据。译码表的内容包括横向设计和纵向设计，流程图中横向为一拍(W1、W2、W3)，纵向为一条指令。而译码逻辑是针对每一个控制信号的，因此在译码表中，横向变成了一个信号。表 3.2 是译码表的一般格式，每行中的内容表示某个控制信号在各指令中的有效条件，主要是节拍电位和节拍脉冲指令操作码的译码器输出、执行结果标志信号等。根据译码表，很容易写出逻辑表达式。

表 3.2　组合逻辑译码表的一般格式

指令 IR	ADD	SUB	AND	...
LIR	W1	W1	W1	...
M			W2	...
S3	W2		W2	...
S2		W2		...
S1		W2	W2	...
S0	W2		W2	...
⋮	⋮	⋮	⋮	

与传统方法稍有不同的是，使用硬件描述语言设计时，可根据流程图直接写出相应的语言描述。以表 3.2 中的指令 ADD、SUB、AND 为例，对于表 3.2 中给出的控制信号 LIR、S3、S2、S1、S0 可描述如下：

```
process (IR,W1,W2,W3)        //这里的 IR 实际上是指令操作码，即 IR7～IR4
    begin
        LIR <= '0';
        M <= '0';
        S3 <= '0';
        S2 <= '0';
        S1 <= '0';
        S0 <= '0';
        case IR is
            when "0001" =>
                LIR <= W1;
                S3 <= W2;
                S0 <= W2;
            when "0010" =>
                LIR <= W1;
                S2 <= W2;
                S1 <= W2;
            when "0011" =>
                LIR <= W1;
```

```
M  <= W2;
S3 <= W2;
S1 <= W2;
S0 <= W2;
...
```

很明显，这种方法省略了译码表，且不容易出错。

(3) EPM7128S 器件的引脚。

TEC-8 实验系统中的硬连线控制器是用 Altera 公司的 1 片 EPM7128S CPLD 芯片构成的。为了使学生将主要精力集中在硬连线控制器的设计和调试上，硬连线控制器和数据通路之间不采用接插线方式连接，在印制电路板上已经用印制导线进行了连接。这就要求硬连线控制器所需的信号的输出、输入信号的引脚号必须符合表 3.3 中的规定。

表 3.3　作为硬连线控制器时的 EPM7128S 的引脚号规定

信号	方向	引脚号	信号	方向	引脚号	信号	方向	引脚号
CLR#	输入	1	C	输入	2	CIN	输出	33
T3	输入	83	Z	输入	84	S0	输出	34
SWA	输入	4	DRW	输出	20	S1	输出	35
SWB	输入	5	PCINC	输出	21	S2	输出	36
SWC	输入	6	LPC	输出	22	S3	输出	37
IR4	输入	8	LAR	输出	25	M	输出	39
IR5	输入	9	PCADD	输出	18	ABUS	输出	40
IR6	输入	10	ARINC	输出	24	SBUS	输出	41
IR7	输入	11	MEMW	输出	27	MBUS	输出	44
W1	输入	12	STOP	输出	28	SEL0	输出	48
W2	输入	15	LIR	输出	29	SEL1	输出	49
W3	输入	16	LDZ	输出	30	SEL2	输出	50
CP1	输出	56	LDC	输出	31	SEL3	输出	51
CP2	输出	57	SHORT	输出	45	SELCTL	输出	52
CP3	输出	58	LONG	输出	46	QD	输入	60

(4) 调试。

在系统可编程器件集成度高，灵活性强，编程、下载方便。它用于硬连线控制器可使调试简单。控制器内部连线集中在器件内部，由软件自动完成，其速度、准确率和可靠性都是人工接线难以比拟的。

用 EDA 技术进行设计，可以使用软件模拟的向量测试对设计进行初步调试。使用向量测试时，向量测试方程的设计应全面，尽量覆盖所有的可能性。

在软件模拟测试后，将设计下载到 Altera EPM7128S 器件中。EPM7128S CPLD 通过一条 34 芯扁平电缆和电平开关 K0～K15、指示灯 L0～L11 连接。连接时关掉电源，将控制器选择开关拨到"硬连线"位置，扁平电缆的 34 芯端插到插座 J6 上，16 芯端插到插座 J8 上(**插头上箭头指向的引脚 1 对准插座上的标号 1**)，扁平电缆的 6 芯端插到插座 J5 上(**插头上箭头指向的引脚 1 对准插座上的标号 1**)。

首先单微指令(DP=1)方式检查控制台操作功能。然后将测试程序写入存储器，以单微指令方式执行测试程序，直到按照流程图全部检查完毕。在测试过程中，要充分利用 TEC-8 实验系统上的各种信号指示灯。

5. 设计报告要求

(1)采用硬件描述语言描述硬连线控制器的设计，列出设计源程序。

(2)测试程序。

(3)写出调试中出现的问题、解决办法、验收结果。

(4)写出设计、调试中遇到的困难和心得体会。

6. 参考设计方案

在上文中对设计硬连线控制器的要点和注意事项已进行了扼要的说明，本部分提供一个设计方案，给出了在 Quartus II 上用 Verilog HDL 实现的详细描述。

设计方案可以有多种，不存在标准答案。一个设计方案，只要能实现指令系统的功能，就是正确的。当然，各个设计方案，可能有优劣之分，主要取决于朝什么方向优化，以及优化的程度。一个好的计算机设计方案，应从指令系统开始设计，包括指令的功能和格式，然后设计数据通路和控制器。设计数据通路和控制器的过程中，可能又要对指令系统进行修改，几经反复，才可能确定总体方案。当指令系统和数据通路已经确定之后，只要再确定了指令的机器周期，控制器就容易设计了。

本参考方案采用一条指令最多用 3 个机器周期完成，即 W1、W2、W3，其中取指操作应该在 W1 周期完成，但是如果当前位置是程序入口(即准备执行第一条指令)，则需要先设置程序入口地址，然后从正常的取指令开始。同样道理，由于读/写存储器操作是顺序进行的，如果还没有开始，需要首先获取首地址。实际上可以将上述过程视为初始化操作过程，一旦初始化完成以后，机器将保持正常工作状态。为此，通过信号 ST0 指示这个初始化阶段，每次按复位按钮 CLR#后，使 ST0 复位为 "0"，在完成初始化工作后，则保证 ST0 为 "1"。

硬连线需要的信号 T1、T2、T3 仍用实验系统的连接。

```
module CONTROLLER_V(
    SWB,              //模式开关值
    SWA,              //模式开关值
    SWC,              //模式开关值
    clr,              //复位信号，低电平有效
    C,                //进位标志
    Z,                //结果为 0 标志
    IRH,              //IR7、IR6、IR5、IR4，指令操作码
    T3,               //T3 时钟
    W1,               //W1 节拍输出
    W2,               //W2 节拍输出
    W3,               //W3 节拍输出
    SELCTL,           //为 "1" 时，为控制台操作状态
    ABUS,             //为 "1" 时，运算器结果送数据总线
    M,
```

```
    S,                    //S3、S2、S1、S0
    SEL1,                 //SEL3~SEL0 相当于控制台方式时的指令操作数 IR3、IR2、IR1、IR0
    SEL0,
    SEL2,
    SEL3,
    DRW,                  //为"1"时允许寄存器加载
    SBUS,                 //为"1"时允许数据开关值送往数据总线
    LIR,                  //为"1"时将从存储器读出的指令送往指令寄存器
    MBUS,                 //为"1"时将从存储器读出的数据送往数据总线
    MEMW,                 //为"1"时在 T2 写存储器；为"0"时读存储器
    LAR,                  //为"1"时在 T2 的上升沿将数据总线上的地址打入地址寄存器
    ARINC,                //为"1"时在 T2 的上升沿地址寄存器加 1
    LPC,                  //为"1"时在 T2 的上升沿将数据总线上的数据打入程序计数器 PC
    PCINC,                //为"1"时在 T2 的上升沿程序计数器加 1
    PCADD,
    CIN,                  //低位 74181 的进位输入，与 M、S[3:0] 一起控制 74181 的运算类型
    LONG,                 //若为"1"，则在 W2 后产生 W3
    SHORT,                //若为"1"，则 W1 后不产生 W2，仍然是 W1
    CP1,CP2,CP3,          //信号复用，与控制器本身无关
    QD,
    STOP,                 //当前机器周期暂停，不产生下一个 W，观察使用，或用于等待用户操作
    LDC,                  //为"1"时 T3 的上升沿保存进位
    LDZ,                  //为"1"时 T3 的上升沿保存结果为 0 标志
);


//--------------输入端口--------------
    input SWB;            //模式开关值
    input SWA;            //模式开关值
    input SWC;            //模式开关值
    input clr;            //复位信号，低电平有效
    input C;              //进位标志
    input Z;              //结果为 0 标志
    input[3:0] IRH;       //IR7、IR6、IR5、IR4，指令操作码
    input T3;             //T3 时钟
    input W1;             //W1 节拍输出
    input W2;             //W2 节拍输出
    input W3;             //W3 节拍输出


//-------------输出端口--------------
    output SELCTL;        //为"1"时，为控制台操作状态
    output ABUS;          //为"1"时，运算器结果送往数据总线
    output  M;
    output [3:0]  S;      //S3、S2、S1、S0
    output SEL1;          //SEL3~SEL0 相当于控制台方式时的指令操作数 IR3、IR2、IR1、IR0
    output SEL0;
    output SEL2;
    output SEL3;
```

```
    output DRW;              //为"1"时允许寄存器加载
    output SBUS;             //为"1"时允许数据开关值送往数据总线
    output LIR;              //为"1"时将从存储器读出的指令送往指令寄存器
    output MBUS;             //为"1"时将从存储器读出的数据送往数据总线
    output MEMW;             //为"1"时在T2写存储器,为"0"时读存储器
    output LAR;              //为"1"时在T2的上升沿将数据总线上的地址打入地址寄存器
    output ARINC;            //为"1"时在T2的上升沿地址寄存器加1
    output LPC;              //为"1"时在T2的上升沿将数据总线上的数据打入程序计数器PC
    output PCINC;            //为"1"时在T2的上升沿程序计数器加1
    output PCADD;
    output CIN;              //低位74181的进位输入,与M、S[3:0]一起控制74181的运算类型
    output LONG;             //若为"1",则在W2后产生W3
    output SHORT;            //若为"1",则W1后不产生W2,仍然是W1
    output STOP;             //当前机器周期暂停,不产生下一个W,观察使用,或用于等待用户操作
    output LDC;              //为"1"时T3的上升沿保存进位
    output LDZ;              //为"1"时T3的上升沿保存结果为0标志

    output CP1,CP2,CP3;      //信号复用,与控制器本身无关

    input QD;

//----------------------变量属性声明----------------------------------

    reg SELCTL;
    reg ABUS;
    reg M;
    reg [3:0]  S;
    reg SEL1;
    reg SEL0;
    reg SEL2;
    reg SEL3;
    reg DRW;
    reg SBUS;
    reg LIR;
    reg MBUS;
    reg MEMW;
    reg LAR;
    reg ARINC;
    reg LPC;
    reg PCINC;
    reg PCADD;
    reg CIN;
    reg LONG;
    reg SHORT;

    reg LDC;
    reg LDZ;
```

```
    wire[2:0]  SWCBA;

    wire ST0;                //标志信号，用于区分操作的 2 个阶段
    reg  ST0_reg;
    reg  SST0;

//******************************STOP 信号*************************
    wire STOP;
    reg STOP_reg_reg;//其实就是信号 STOP_reg，但同一信号不能在两个块中赋值，需要分开
    reg STOP_reg;

assign STOP = (SWCBA?STOP_reg:STOP_reg_reg);
//*****************************************************************

//*************************数据流描述*********************
assign  CP1=1'b1;
assign  CP2=1'b1;
assign  CP3=QD;
assign  SWCBA[2:0]={SWC,SWB,SWA};
assign  ST0=ST0_reg;

//************************行为描述*************************
//第一个过程块：清零复位，或转第二阶段操作(SST0=1)
always @ (negedgeclr or negedge T3)
begin
    if(clr==0)
        begin
            ST0_reg<=0;               //只有清零后置 ST0_reg 为 0
        end
    else
        begin
            if(SST0==1'b1)   ST0_reg<=1'b1; //若 SST0 为 "0"，则 ST0_reg 保持不
                                            变(如程序
                                        //执行过程中)
        end
end

//-----------------------第二个过程块-----------------------
always @   (SWCBA or IRH or W1 or W2 or W3 or ST0 or C or Z )
begin
   //给信号设置默认值
   SHORT    <= 0;
   LONG     <= 0;
   CIN      <= 0;
   SELCTL   <= 0;
   ABUS     <= 0;
```

```
        SBUS        <= 0;
        MBUS        <= 0;
        M           <= 0;
        S           <= 4'b0000;
        SEL3        <= 0;
        SEL2        <= 0;
        SEL1        <= 0;
        SEL0        <= 0;
        DRW         <= 0;
        SBUS        <= 0;
        LIR         <= 0;
        MEMW        <= 0;
        LAR         <= 0;
        ARINC       <= 0;
        LPC         <= 0;
        LDZ         <= 0;
        LDC         <= 0;
    STOP_reg        <= 1;            //默认 STOP_reg=1
        PCINC       <= 0;
        SST0        <= 0;
    PCADD    <=   0;
    STOP_reg_reg<=0;                 //其实就是信号 STOP_reg，但是同一个信号不能在两个
                                     //块中赋值，需要分开


case(SWCBA)
//======================指令执行(含取指令)操作========================
        3'b000:
        begin
        if(ST0==0)
            begin                    //设置程序入口地址 LPC
                LPC <= W1;
                SBUS <= W1;
                SST0 <= W1;
                SHORT <=W1;
                STOP_reg<= 0;        //默认 STOP_reg=1，进入程序执行状态需要连续
            end
        else if(ST0==1)
                begin
                    case(IRH)        //CASE (IRH)指令处理
                        4'b0001:     //WHEN "0001" => ADD
                            begin
                                LIR <= W1;
                                PCINC <= W1;
                                S <= 4'b1001;
                                CIN <= W2;
                                ABUS <= W2;
                                DRW <= W2;
```

```
                          LDC <= W2;
                          LDZ <= W2;

                end

             4'b0010:               //WHEN "0010" =>    SUB
                begin
                      LIR <= W1;  //取指
                      PCINC <= W1;
                      S  <= 4'b0110;
                      ABUS <= W2;
                      DRW <= W2;
                      LDZ <= W2;
                      LDC <= W2;
                end

             4'b0011:               //WHEN "0011" =>    AND
                begin
                      LIR <= W1;  //取指
                      PCINC <= W1;
                      S <=4'b1011;
                      M <= W2;
                      ABUS <= W2;
                      DRW <= W2;
                      LDZ <= W2;
                end

             4'b0100:               // WHEN "0100"  =>  INC
                begin
                      LIR <= W1;  //取指
                      PCINC <= W1;
                      S<=4'B0000;
                      ABUS <= W2;
                      DRW <= W2;
                      LDZ <= W2;
                      LDC <= W2;
                end

             4'b0101:               // WHEN "0101"  =>  LD
                begin
                      LIR <= W1;  //取指
                      PCINC <= W1;
                      S <= 4'b1010;
                      M <= W2;
                      ABUS <= W2;
                      LAR <= W2;
                      LONG <= W2;
```

```
                    MBUS <= W3;
                    DRW <= W3;
                end

        4'b0110:                  // WHEN "0110" =>   ST
            begin
                LIR <= W1;  //取指
                PCINC <= W1;
                M <= W2 | W3;
                S[3] <= 1'b1;
                S[2] <= W2;
                S[1] <= 1'b1;
                S[0] <= W2;
                ABUS <= W2 | W3;
                LAR <= W2;
                LONG <= W2;
                MEMW <= W3;
            end

        4'b0111:                  //WHEN "0111" =>   JC
            begin
                LIR <= W1;
                PCINC <= W1;
                PCADD <= C & W2;
            end

        4'b1000:                  //WHEN "1000" =>   JZ
            begin
                LIR <= W1;
                PCINC <= W1;
                PCADD <= Z & W2;
            end

        4'b1001:                  //WHEN "1001" =>   JMP
            begin
                LIR <= W1;
                PCINC <= W1;
                M <= W2;
                S <= 4'b1111;
                ABUS <= W2;
                LPC <= W2;
            end
        4'b1110:                  //WHEN "1110" => STP
            begin
                LIR <= W1;
                PCINC <= W1;
                STOP_reg_reg<= W2;
```

```
                              end

             4'B1010:                    // WHEN "1110" =>OUT
                 begin
                     LIR  <= W1;
                     PCINC <= W1;
                     M  <= W2;
                     S  <= 4'B1010;
                     ABUS <= W2;
                 end

             default:                    //WHEN OTHERS =>取下一条指令
                 begin
                     LIR  <= W1;
                     PCINC <= W1;
                 end
         endcase
     end
   end
//==================取指操作及指令执行结束==================

//==================控制台操作==================
  //写存储器操作
     3'b001:                            //WHEN "001" => 写存储器
         begin
             SELCTL <= W1;
             SHORT <= W1;
             SBUS <= W1;
             STOP_reg<= W1;
             SST0 <= W1;
             LAR <= W1 & (~ST0);
             ARINC <= W1 & ST0;
             MEMW <= W1 & ST0;
         end
  //写寄存器操作结束

  //读存储器

     3'B010:                            //WHEN "010" => 读存储器
         begin
             SELCTL <= W1;
             SHORT <= W1;
             SBUS <= W1 & (~ST0);
             MBUS <= W1 & ST0;
             STOP_reg<= W1;
             SST0 <= W1;
             LAR <= W1 & (~ST0);
```

```
                    ARINC  <= W1 & ST0;
                end
        //读存储器结束

        //读寄存器
        3'b011:                                  //WHEN "011" => 读寄存器
            begin
                SELCTL <=1'b1;
                SEL0  <= W1 | W2;
                STOP_reg<= W1 | W2;
                SEL3  <= W2;
                SEL1  <= W2;
            end
        //读寄存器结束

        //写寄存器
        3'b100:                                  //WHEN "100" =>写寄存器
            begin
                SELCTL <=1'b1;
                SST0  <= W2;
                SBUS  <= W1 | W2;
                STOP_reg<= W1 | W2;
                DRW   <= W1 | W2;
                SEL3  <= (ST0 & W1) | (ST0 & W2);
                SEL2  <= W2;
                SEL1  <= ((~ST0) & W1) | (ST0 & W2);
                SEL0  <= W1;
            end
        //写寄存器结束

        default:
            begin                                //空块, 什么都不做
            end
    endcase
//==========================控制台操作结束==========================

end
endmodule
```

7. 可拓展的问题

尝试扩展下列 1 条或几条指令, 观察其能否扩展(不限于下列指令, 但要求所扩展的指令尽量功能单一且有实际意义)。

OR	R0, R1	//或操作, R0 与 R1 进行逻辑或操作, 结果送往 R0
NOT	R0	//按位求反, R0 按位取反, 结果送往 R0
LEFT	R0	//左移, 将 R0 左移 1 位, 结果送往 R0
MOV R0, R1		//数据传送, 将 R1 的值送往 R0

```
        LEFT     R0, X        //左移 X 位，将 R0 左移 X 位，结果送往 R0
        MUL      R0, R1       //无符号乘法，R0 与 R1 相乘，结果送往 R0
```

要求：完成指令设计、调试与仿真，并编写相应的测试程序测试其功能。

8. 系统恢复

为方便其他实验的顺利开设，实验完成后，必须要将原出厂硬连线控制器的相关内容重新装入 EPM7128S 中。

3.2 模型机流水微程序控制器设计实验

1. 实验目的

(1)融会贯通"计算机组成与计算机系统结构"课程的各章教学内容，通过知识的综合运用，加深对 CPU 各模块工作原理及相互联系的认识。

(2)掌握流水微程序控制器的设计方法。

(3)培养科学研究能力，取得设计和调试的实践经验。

2. 实验设备

(1)TEC-8 实验系统	1 台
(2)逻辑测试笔(在 TEC-8 实验台上)	1 支
(3)PC	1 台
(4)双踪示波器	1 台
(5)直流万用表	1 块

3. 设计与调试任务

(1)设计一个流水微程序控制器和 TEC-8 模型计算机的数据通路结合在一起，构成一个完整的 CPU，该 CPU 要求：

①能够完成控制台操作：启动程序运行、读存储器、写存储器、读寄存器和写寄存器。控制台操作不要求流水。

②能够执行表 3.1 中的指令，完成规定的指令功能。

(2)根据指令系统，编写检测流水微程序控制器正确性的测试程序，并用测试程序对流水微程序控制器在单微指令方式下进行调试，直到成功。

(3)在调试成功的基础上，整理出设计文件，包括：

①流水微程序控制器指令周期流程图；

②微指令代码表；

③5 个控制存储器 E^2PROM 的二进制代码文件；

④测试程序；

⑤设计说明书；

⑥调试总结。

4. 设计提示

1) 画出流水微程序控制器流程图

流水微程序控制器的微指令格式同常规微程序控制器相同，参见图 2.7。

设计流水微程序控制器时，需首先画出微程序控制器的流程图，其中的关键在于如何实现流水。由于控制台操作不要求流水，因此流水微程序控制器设计仅需考虑指令执行过程。

利用流水线提高指令执行速度，在于将 2 条或多条指令的执行过程在时间上重叠起来，在空间上分时共享不同的部件。事实上，一条指令的执行大体分为两个阶段：取指令、执行指令，在不发生"相关"的情况下，这两个阶段是可以同时进行的，因此，进行流水微程序控制器设计，其实就是考虑如何将执行上一条指令与取下一条指令的操作结合起来，使二者同时进行。

一种简单的方法是：在每一条不发生转移也不停止机器运行的指令执行的最后一拍，完成下一条指令的取指操作(包括置 P1 操作)；而对于转移类指令(JMP 以及转移条件满足时的 JC、JZ)和停机(STP)指令，则仍然按照常规微程序的方式进行，将取下一条指令的操作单独进行。

需要注意的是，由于如表 3.1 所示的指令系统中不包含中断相关的功能，因此，在指令执行的最后一拍无须进行置 P4 的操作。

综上，一种可能的模型计算机流水微程序控制器的微程序流程图如图 3.2 所示。

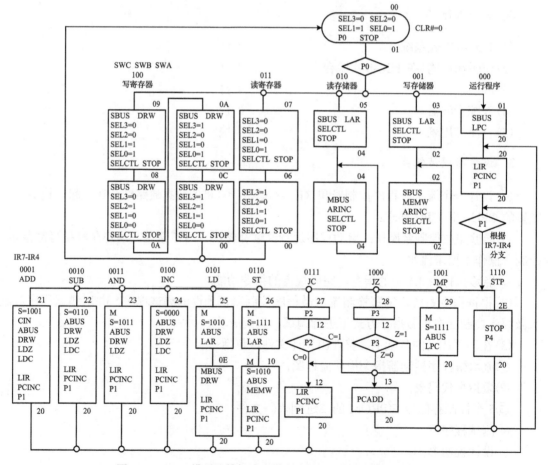

图 3.2　TEC-8 模型计算机流水微程序控制器的微程序流程图

2)画出微指令代码表

根据流水微程序控制器的微程序流程图和微指令格式，可以画出微指令代码表。在微指令代码表中，每行表示一条微指令，每列表示某个控制信号的值，控制信号的排列顺序与微指令格式一致。对于控制信号，只标出为"1"的值即可。微指令代码表的形式如表 3.4 所示。

表 3.4　模型机流水微程序控制器微指令代码表

微地址	PCADD	SELCTL	SEL3	SEL2	SEL1	SEL0	INTEN	INTDI	LIAR	IABUS	MBUS	SBUS	ABUS	M	S3	S2	S1	S0	CIN	LDC	LDZ	LIR	STOP	MEMW	LAR	ARINC	LPC	PCINC	DRW	P4	P3	P2	P1	P0	NμA0~NμA5
00					1	1																	1										1		01
01												1															1								20
02			1									1								1	1					1									02
03			1									1												1	1										02
⋮	⋮	⋮	⋮	⋮	⋮	⋮	⋮	⋮	⋮	⋮	⋮	⋮	⋮	⋮	⋮	⋮	⋮	⋮	⋮	⋮	⋮	⋮	⋮	⋮	⋮	⋮	⋮	⋮	⋮	⋮	⋮	⋮	⋮	⋮	⋮
3C																																			
3D																																			
3E																																			
3F																																			

3)生成二进制文件

根据微指令代码表生成 5 个二进制文件，每个二进制文件的长度必须是 64B。

4)修改控制存储器 E^{2}PROM

将编程切换开关拨到"编程"位置，利用串口调试助手，使用 5 个二进制文件重新对控制存储器编程。编程结束后，将编程切换开关拨到"正常"位置。

5)对流水微程序控制器进行调试

在新修改后的实验台上跟踪指令的执行过程，并运行测试程序，确认实验台功能正确。

5. 设计报告要求

(1)采用硬件描述语言描述硬连线控制器的设计，列出设计源程序。

(2)测试程序。

(3)写出调试中出现的问题、解决办法、验收结果。

(4)写出设计、调试中遇到的困难和心得体会。

6. 可拓展的问题

尝试扩展下列 1 条或几条指令，观察其能否扩展(不限于下列指令，但要求所扩展的指令尽量功能单一且有实际意义)。

```
OR      R0, R1      //或操作，R0 与 R1 进行逻辑或操作，结果送往 R0
NOT     R0          //按位求反，R0 按位取反，结果送往 R0
LEFT    R0          //左移，将 R0 左移 1 位，结果送往 R0
MOV R0, R1          //数据传送，将 R1 的值送往 R0
```

```
        LEFT    R0, X          //左移 X 位, 将 R0 左移 X 位, 结果送往 R0
        MUL     R0, R1         //无符号乘法, R0 与 R1 相乘, 结果送往 R0
```

要求: 完成指令设计, 并编写相应的测试程序测试其功能。

7. 系统恢复

为方便其他实验的顺利开设, 实验完成后, 必须要将原出厂微程序控制器的相关内容重新装入 E^2PROM 中。

3.3　模型机流水硬连线控制器设计实验

1. 教学目的

(1)融会贯通"计算机组成与计算机系统结构"课程各章的教学内容, 通过知识的综合运用, 加深对 CPU 各模块工作原理及相互联系的认识。

(2)掌握流水硬连线控制器的设计方法。

(3)学习运用当代的 EDA 设计工具, 掌握用 EDA 设计大规模复杂逻辑电路的方法。

(4)培养科学研究能力, 取得设计和调试的实践经验。

2. 实验设备

(1)TEC-8 实验系统	1 台
(2)逻辑测试笔(在 TEC-8 实验台上)	1 支
(3)PC	1 台
(4)双踪示波器	1 台
(5)直流万用表	1 块

3. 设计与调试任务

(1)设计一个流水硬连线控制器和 TEC-8 模型计算机的数据通路结合在一起, 构成一个完整的 CPU, 该 CPU 要求:

①能够完成控制台操作: 启动程序运行、读存储器、写存储器、读寄存器和写寄存器。

②能够执行表 3.1 中的指令, 完成规定的指令功能。

(2)在 QUARTUS Ⅱ下对硬连线控制器的设计方案进行编程和编译。

(3)将编译后的流水硬连线控制器下载到 TEC-8 实验台上的 CPLD 器件 EPM7128S 中, 使 EPM7128S 成为一个流水硬连线控制器。

(4)根据指令系统, 编写检测流水硬连线控制器正确性的测试程序, 并用测试程序对硬连线控制器在单微指令方式下进行调试, 直到成功。

(5)在调试成功的基础上, 整理出设计文件, 包括:

①流水硬连线控制器逻辑模块图;

②流水硬连线控制器指令周期流程图;

③流水硬连线控制器的硬件描述语言源程序;

④测试程序；

⑤设计说明书；

⑥调试总结。

4. 设计提示

设计提示参考 3.1 节和 3.2 节。

5. 设计报告要求

(1)流水硬连线控制器的微程序流程图。

(2)采用硬件描述语言描述流水硬连线控制器的设计，列出设计源程序。

(3)测试程序。

(4)写出调试中出现的问题、解决办法、验收结果。

(5)写出设计、调试中遇到的困难和心得体会。

6. 参考设计方案

本部分提供一个设计方案，给出了在 Quartus Ⅱ上用 Verilog HDL 实现的详细描述。需要提醒的是，流水只是程序执行过程中流水，对于控制台操作，仍然是按照 3.1 节中的方式进行的。

```
module CONTROLLER_PIP(
    SWB,                //模式开关值
    SWA,                //模式开关值
    SWC,                //为"1"时，为实验台算数逻辑实验
    clr,                //复位信号，低电平有效
    C,                  //进位标志
    Z,                  //结果为 0 标志
    IRH,                //IR7、IR6、IR5、IR4，指令操作码
    T3,                 //T3 时钟
    W1,                 //W1 节拍输出
    W2,                 //W2 节拍输出
    W3,                 //W3 节拍输出
    SELCTL,             //为"1"时，为控制台操作状态
    ABUS,               //为"1"时，运算器结果送数据总线
    M,
    S,                  //S3、S2、S1、S0
    SEL1,               //SEL3～SEL0 相当于控制台方式时的指令操作数 IR3、IR2、IR1、IR0
    SEL0,
    SEL2,
    SEL3,
    DRW,                //为"1"时允许寄存器加载
    SBUS,               //为"1"时允许数据开关值送往数据总线
    LIR,                //为"1"时将从存储器读出的指令送往指令寄存器
    MBUS,               //为"1"时将从存储器读出的数据送往数据总线
    MEMW,               //为"1"时在 T2 写存储器；为"0"时读存储器
```

```
    LAR,                    //为"1"时在 T2 的上升沿将数据总线上的地址打入地址寄存器
    ARINC,                  //为"1"时在 T2 的上升沿地址寄存器加 1
    LPC,                    //为"1"时在 T2 的上升沿将数据总线上的数据打入程序计数器 PC
    PCINC,                  //为"1"时在 T2 的上升沿程序计数器加 1
    PCADD,
    CIN,
    LONG,
    SHORT,
    CP1,CP2,CP3,
    QD,
    STOP,                   //暂停机器执行,用于观察信号
    LDC,                    //为"1"时 T3 的上升沿保存进位
    LDZ,                    //为"1"时 T3 的上升沿保存结果为 0 标志
);


//---------------输入端口----------------
    input SWB;              //模式开关值
    input SWA;              //模式开关值
    input SWC;              //为"1"时,为实验台算数逻辑实验
    input clr;              //复位信号,低电平有效
    input C;                //进位标志
    input Z;                //结果为 0 标志
    input[3:0] IRH;         //IR7、IR6、IR5、IR4,指令操作码
    input T3;               //T3 时钟
    input W1;               //W1 节拍输出
    input W2;               //W2 节拍输出
    input W3;               //W3 节拍输出


//--------------输出端口--------------
    output SELCTL;          //为"1"时,为控制台操作状态
    output ABUS;            //为"1"时,运算器结果送数据总线
    output  M;
    output[3:0] S;          //S3、S2、S1、S0
    output SEL1;            //SEL3~SEL0 相当于控制台方式时的指令操作数 IR3、IR2、IR1、IR0
    output SEL0;
    output SEL2;
    output SEL3;
    output DRW;             //为"1"时允许寄存器加载
    output SBUS;            //为"1"时允许数据开关值送往数据总线
    output LIR;             //为"1"时将从存储器读出的指令送往指令寄存器
    output MBUS;            //为"1"时将从存储器读出的数据送往数据总线
    output MEMW;            //为"1"时在 T2 写存储器;为"0"时读存储器
    output LAR;             //为"1"时在 T2 的上升沿将数据总线上的地址打入地址寄存器
    output ARINC;           //为"1"时在 T2 的上升沿地址寄存器加 1
    output LPC;             //为"1"时在 T2 的上升沿将数据总线上的数据打入程序计数器 PC
    output PCINC;           //为"1"时在 T2 的上升沿程序计数器加 1
    output PCADD;
```

```
    output CIN;
    output LONG;
    output SHORT;

    output STOP;              //暂停机器执行，用于观察信号
    output LDC;               //为"1"时 T3 的上升沿保存进位
    output LDZ;               //为"1"时 T3 的上升沿保存结果为 0 标志

    output CP1,CP2,CP3;
    input QD;

//---------------------变量属性声明-----------------------------------

    reg   ST0_reg;
    reg   SST0;

    reg SELCTL;
    reg ABUS;
    reg M;
    reg[3:0]  S;
    reg SEL1;
    reg SEL0;
    reg SEL2;
    reg SEL3;
    reg DRW;
    reg SBUS;
    reg LIR;
    reg MBUS;
    reg MEMW;
    reg LAR;
    reg ARINC;
    reg LPC;
    reg PCINC;
    reg PCADD;
    reg CIN;
    reg LONG;
    reg SHORT;

    reg LDC;
    reg LDZ;

    wire[2:0] SWCBA;
    wire ST0;

//*************************STOP 信号************************
    wire STOP;
    reg STOP_reg_reg;
```

```
    reg STOP_reg;

assign STOP = (SWCBA?STOP_reg):STOP_reg_reg);
//*************************************************************

//************************数据流描述*********************
assign  CP1=1'b1;
assign  CP2=1'b1;
assign  CP3=QD;
assign  SWCBA[2:0]={SWC,SWB,SWA};
assign  ST0=ST0_reg;

//************************行为流描述*************************
//------------------------第一个 PROCESS----------------------
always @ (negedgeclr or negedge T3)
begin
    if(clr==0)
        begin
            ST0_reg<=0;
        end
    else
        begin
            if(SST0==1'b1)   ST0_reg<=1'b1;
        end
end

//------------------------第二个 PROCESS----------------------
always @    (SWCBA or IRH or W1 or W2 or W3 or ST0 or C or Z )
begin
//--------给信号设置默认值----------
    SHORT    <= 0;
    LONG     <= 0;
    CIN      <= 0;
    SELCTL   <= 0;
    ABUS     <= 0;
    SBUS     <= 0;
    MBUS     <= 0;
    M        <= 0;
    S        <= 4'b0000;
    SEL3     <= 0;
    SEL2     <= 0;
    SEL1     <= 0;
    SEL0     <= 0;
    DRW      <= 0;
    SBUS     <= 0;
    LIR      <= 0;
MEMW    <= 0;
```

```
    LAR         <= 0;
    ARINC       <= 0;
    LPC         <= 0;
    LDZ         <= 0;
    LDC         <= 0;
STOP_reg        <= 1;
    PCINC       <= 0;
    SST0        <= 0;
PCADD   <=0;
STOP_reg_reg<=0;


case(SWCBA)
//========================指令执行操作========================
        3'b000:
        begin
        if(ST0==0)
            begin
                LPC <= W1;
                SBUS <= W1;
                SST0 <= W1;
                SHORT <=W1;
            end
        else if(ST0==1)
                begin
                    case(IRH)                   //指令处理

                        4'B0000:                //NOP
                            begin
                                LIR <= W1;
                                PCINC <= W1;
                                SHORT <= W1;
                            end

                        4'b0001:            // WHEN "0001" => ADD
                            begin
                            //-------------------
                                LIR <= W1;
                                PCINC <= W1;
                                SHORT <=W1;
                            //-------------------

                                S <= 4'b1001;
                                CIN <= W1;
                                ABUS <= W1;
                                DRW <= W1;
                                LDC <= W1;
```

```
              LDZ <= W1;
          end

      4'b0010:                // WHEN "0010" =>  SUB
          begin
          //--------------------
              LIR <= W1;
              PCINC <= W1;
              SHORT <=W1;
          //--------------------
              S <= 4'b0110;
              ABUS <= W1;
              DRW <= W1;
              LDZ <= W1;
              LDC <= W1;
          end

      4'b0011:                //WHEN "0011" =>   AND
          begin
          //--------------------
              LIR <= W1;
              PCINC <= W1;
              SHORT <=W1;
          //--------------------
              S <=4'b1011;
              M <= W1;
              ABUS <= W1;
              DRW <= W1;
              LDZ <= W1;
          end

      4'b0100:                // WHEN "0100" =>  INC
          begin
          //--------------------
              LIR <= W1;
              PCINC <= W1;
              SHORT <=W1;
          //--------------------
              S<=4'B0000;
              ABUS <= W1;
              DRW <= W1;
              LDZ <= W1;
              LDC <= W1;
          end

      4'b0101:                // WHEN "0101" =>  LD
          begin
```

```
                    LIR <= W2;  //取指
                    PCINC <= W2;

                    S <= 4'b1010;
                    M <= W1;
                    ABUS <= W1;
                    LAR <= W1;

                    MBUS <= W2;
                    DRW <= W2;
                end

        4'b0110:                    // WHEN "0110" =>   ST
            begin
                    LIR <= W2;          //取指
                    PCINC <= W2;
                    M <= W1 | W2;
                    S[3] <= 1'b1;
                    S[2] <= W1;
                    S[1] <= 1'b1;
                    S[0] <= W1;
                    ABUS <= W1 | W2;
                    LAR <= W1;
                    MEMW <= W2;
                end

        4'b0111:                    //WHEN "0111" =>    JC
            begin
                    LIR <= (W1 &~C) | (W2 & C);
                    PCINC <= (W1 &~C) | (W2 & C);
                    PCADD <= C & W1;
                    SHORT <= W1&~C;
                end

        4'b1000:                    //WHEN "1000" =>    JZ
            begin
                    LIR <= (W1 &~Z) | (W2 & Z);
                    PCINC <= (W1 &~Z) | (W2 & Z);
                    PCADD <= Z & W1;
                    SHORT <= W1&~Z;
                end

        4'b1001:                    //WHEN "1001" =>    JMP
            begin
                    LIR <= W2;
                    PCINC <= W2;
                    M <= W1;
```

```
                              S  <= 4'b1111;
                              ABUS <= W1;
                              LPC <= W1;
                          end
                  4'b1110:                 //WHEN "1110" => STP
                      begin
                          STOP_reg_reg<= W1;
                      end

                  4'B1010:                 // WHEN "1010" =>OUT
                      begin
                          M <= W1;
                          S  <= 4'B1010;
                          ABUS <= W1;
                          LIR <= W1;
                          PCINC <= W1;
                          SHORT<=W1;
                      end

                  default:                 //WHEN OTHERS =>取下一条指令
                      begin
                          LIR <= W1;
                          PCINC <= W1;
                      end
                  endcase
              end
      end
//===================取指操作结束====================

//===================控制台操作========================
    //---------------写存储器操作--------------------
    3'b001:                                  //WHEN "001" => 写存储器
        begin
            SELCTL <= W1;
            SHORT <= W1;
            SBUS <= W1;
            STOP_reg<= W1;
            SST0 <= W1;
            LAR <= W1 & (~ST0);
            ARINC <= W1 & ST0;
            MEMW <= W1 & ST0;
        end
    //------------写寄存器操作结束------------------


    //--------------读存储器-------------------
```

```
        3'B010:                        //WHEN "010" => 读存储器
            begin
                SELCTL <= W1;
                SHORT <= W1;
                SBUS <= W1 & (~ST0);
                MBUS <= W1 & ST0;
                STOP_reg<= W1;
                SST0 <= W1;
                LAR <= W1 & (~ST0);
                ARINC <= W1 & ST0;
            end
    //-------------读存储器结束--------------------

    //------------读寄存器---------------------
        3'b011:                        //WHEN "011" => 读寄存器
            begin
                SELCTL <=1'b1;
                SEL0 <= W1 | W2;
                STOP_reg<= W1 | W2;
                SEL3 <= W2;
                SEL1 <= W2;
            end
    //-------------读寄存器结束-------------------

    //---------------写寄存器---------------------
        3'b100:                        //WHEN "100" =>写寄存器
            begin
                SELCTL <=1'b1;
                SST0 <= W2;
                SBUS <= W1 | W2;
                STOP_reg<= W1 | W2;
                DRW <= W1 | W2;
                SEL3 <= (ST0 & W1) | (ST0 & W2);
                SEL2 <= W2;
                SEL1 <= ((~ST0) & W1) | (ST0 & W2);
                SEL0 <= W1;
            end
    //---------------写寄存器结束------------------

        default:
            begin                      // 空语句块
            end
    endcase
//==========================控制台操作结束=========================

end
endmodule
```

7. 可拓展的问题

尝试扩展下列 1 条或几条指令，观察其能否扩展(不限于下列指令，但要求所扩展的指令尽量功能单一且有实际意义)。

```
OR      R0, R1      //或操作，R0 与 R1 进行逻辑或操作，结果送往 R0
NOT     R0          //按位求反，R0 按位取反，结果送往 R0
LEFT    R0          //左移，将 R0 左移 1 位，结果送往 R0
MOV R0, R1          //数据传送，将 R1 的值送往 R0
LEFT    R0, X       //左移 X 位，将 R0 左移 X 位，结果送往 R0
MUL     R0, R1      //无符号乘法，R0 与 R1 相乘，结果送往 R0
```

要求：完成指令设计、调试与仿真，并编写相应的测试程序测试其功能。

8. 系统恢复

为方便其他实验的顺利开设，实验完成后，必须要将原出厂硬连线控制器的相关内容重新装入 EPM7128S 中。

3.4　含有阵列乘法器的 ALU 设计实验

1. 教学目的

(1)掌握阵列乘法器的组织结构和实现方法。

(2)改进运算器 ALU 设计，仅实现加、减、乘、与、或、取反、异或、与非等 8 种操作，其中除了乘法运算的操作数分别为 4 位，其他运算均为 8 位运算。

(3)学习运用当代的 EDA 设计工具，掌握用 EDA 设计大规模复杂逻辑电路的方法。

(4)培养科学研究能力，取得设计和调试的实践经验。

2. 实验设备

(1)TEC-8 实验系统　　　　　　　　　　1 台
(2)逻辑测试笔(在 TEC-8 实验台上)　　　1 支
(3)PC　　　　　　　　　　　　　　　　1 台
(4)双踪示波器　　　　　　　　　　　　1 台
(5)直流万用表　　　　　　　　　　　　1 块

3. 设计与调试任务

(1)设计 1 个 4 位×4 位的阵列乘法器，其积为 8 位。

(2)设计一个 ALU，能够对 2 个 4 位操作数 A 和 B 进行 8 种运算，由 3 位操作码控制进行何种运算。3 位操作码从电平开关 SWA、SWB、SWC 输入，其运算功能如表 3.5 所示。

表 3.5　ALU 运算功能表

SWC	SWB	SWA	运算
0	0	0	A+B
0	0	1	A–B
0	1	0	A and B
0	1	1	A or B
1	0	0	not A
1	0	1	A xor B
1	1	0	not(A and B)
1	1	1	乘

乘法运算时，2 个操作数均为无符号数；其他运算时，2 个操作数为有符号数。其中，操作数 A 从开关 K3～K0 输入，K0 为最低位，K3 为最高位；操作数 B 从开关 K11～K8 输入，K8 为最低位，K11 为最高位。

运算结果送往指示灯 L7～L0 输出，L0 为最低位，L7 为最高位。在做与、或、求反、异或、与非运算时，L7～L4 显示 0。

L10 显示结果为 0 标识 Z：不论何种运算，若运算结果为 0，则 Z=1。

L11 显示进位标志 C：仅加、减法运算改变 C 的值；否则，**C 保持不变**。

L8、L9 可供用于设计中的其他用途，**若设计中不用到它，为信号稳定起见，建议将 L8、L9 强制赋 0**（即关闭这 2 个指示灯）。

(3)在 Quartus Ⅱ下对改进 ALU 的设计方案进行编程和编译。

(4)将编译后的 ALU 下载到 TEC-8 实验台上的可编程器件 EPM7128SCPLD 中，使 EPM7128S CPLD 成为含有阵列乘法器的 ALU。

(5)测试方法和正确性验证。

(6)写出设计、调试报告总结。

4. 设计提示

1)无符号阵列乘法器结构

无符号阵列乘法器的结构框图如图 3.3 所示。它由一系列全加器 FA 用流水方法(时间并行)和资源重复方式(空间并行)有序组成。图 3.3 为 4 位×4 位的阵列乘法器。

2)EPM7128S CPLD 和电平开关 K0～K15、指示灯 L0～L11 的连接

EPM7128S CPLD 通过一条 34 芯扁平电缆和电平开关 K0～K15、指示灯 L0～L11 连接。连接时关掉电源，将控制器选择开关拨到"硬连线控制器"位置，**DZ10 短接**（置于左边），扁平电缆的 34 芯端插到插座 J6 上，扁平电缆的 12 芯端插到插座 J4 上（**插头上箭头指向的引脚 1 对准插座上的标号 1**），16 芯端插到插座 J8 上（**插头上箭头指向的引脚 1 对准插座上的标号 1**）。

电平开关 K0～K15、指示灯 L0～L11 对应的 EPM7128S 引脚号如表 3.6 所示。

图 3.3　无符号阵列乘法器结构框图

表 3.6　电平开关、指示灯对应的 EPM7128S 引脚号

电平开关	方向	引脚号	指示灯	方向	引脚号
K0	输入	54	L0	输出	37
K1	输入	81	L1	输出	39
K2	输入	80	L2	输出	40
K3	输入	79	L3	输出	41
K4	输入	77	L4	输出	44
K5	输入	76	L5	输出	45
K6	输入	75	L6	输出	46
K7	输入	74	L7	输出	48
K8	输入	73	L8	输出	49
K9	输入	70	L9	输出	50
K10	输入	69	L10	输出	51
K11	输入	68	L11	输出	52
K12	输入	67	SWA	输入	4
K13	输入	65	SWB	输入	5
K14	输入	64	SWC	输入	6
K15	输入	63			

实验中需要将"控制转换"置于"硬连线"位置。

3)运算测试

(1)用测试数据表 3.7 中的数据对乘法运算进行测试,验证运算结果是否正确。

表 3.7　乘法运算测试数据

数据	组号					
	1	2	3	4	5	6
被乘数 A	9	15	0	15	随机	随机
乘数 B	8	15	15	0	随机	随机
乘积 P	72	225	0	0		

(2) ALU 的其他 7 种操作验证测试与乘法类似，自行设计测试数据表。

5. 设计报告要求

(1) 采用硬件描述语言或者原理图描述改进 ALU 的设计，列出源程序或者画出原理图。

(2) 测试数据表及测试结果。

(3) 写出调试中出现的问题、解决办法、验收结果。

(4) 写出设计、调试中遇到的困难和心得体会。

(5) 尝试对流水乘法器进行化简，并比较综合器综合后的结果，能发现什么？

(6) 能否尝试实现其他操作，如数据传送、增 1 等？

(7) (选做) 尝试改变设计，不使用阵列乘法器，同样要求具备进行 2 个无符号 4 位数乘法功能，其他功能不变。

6. 参考设计方案

本部分提供一个设计方案，给出了在 Quartus Ⅱ 上用 Verilog HDL 实现的详细描述。

```
//一位全加器，模块顺序与次序无关
module FA(
        AA,             //操作数 A
        BB,             //操作数 B
        Cin,            //进位输入
        Sum,            //结果
        Cout            //进位输出
        );
    input       AA;
    input   BB;
    input   Cin;

    output  Sum;
    output  Cout;

    wire        S1,T1,T2,T3;

    xor XOR1(S1,AA,BB);
    xor XOR2(Sum,S1,Cin);

    and AND1(T1,AA,BB);
    and AND2(T2,AA,Cin);
```

```
           and AND3(T3,BB,Cin);

           or  OR(Cout,T1,T2,T3);

endmodule

//============阵列乘法处理单元=========
module CELL(a,b,pm_in,cin,pm_out,cout);

    input    a;
    input    b;
    input    pm_in;
    input    cin;
    output   pm_out;
    output   cout;

    wire        ab;
    assign ab=a&b;

//============元件例化，通过实例化方式进行模块调用==========
    FA   FA(
        .AA(ab),              //操作数A
        .BB(pm_in),           //操作数B
        .Cin(cin),            //进位输入
        .Sum(pm_out),         //结果
        .Cout(cout)           //进位输出
        );

endmodule

//============构造阵列乘法器========
module MULTIPLIER(dataA,dataB,Res );

    input[3:0]      dataA;
    input[3:0]      dataB;
    output[7:0]     Res;

    wire[3:0]       a;
    wire[3:0]       b;
    wire  p00,p10,p20,p30,p01,p11,p21,p31,p02,p12,p22,p32,p03,p13,p23,p33;
//部分积
    wire c00,c10,c20,c30,c01,c11,c21,c31,c02,c12,c22,c32,c03,c13,c23,c33;

    assign a=dataA;
    assign b=dataB;
    assign Res={c33,p33,p23,p13,p03,p02,p01,p00};

    CELL C00(.a(a[0]),.b(b[0]),.pm_in(0),.cin(0),.pm_out(p00),.cout(c00));
```

```
    CELL C10(.a(a[1]),.b(b[0]),.pm_in(0),.cin(c00),.pm_out(p10),.cout(c10));
    CELL C20(.a(a[2]),.b(b[0]),.pm_in(0),.cin(c10),.pm_out(p20),.cout(c20));
    CELL C30(.a(a[3]),.b(b[0]),.pm_in(0),.cin(c20),.pm_out(p30),.cout(c30));

    CELL C01(.a(a[0]),.b(b[1]),.pm_in(p10),.cin(0),.pm_out(p01),.cout(c01));
    CELL C11(.a(a[1]),.b(b[1]),.pm_in(p20),.cin(c01),.pm_out(p11),.cout(c11));
    CELL C21(.a(a[2]),.b(b[1]),.pm_in(p30),.cin(c11),.pm_out(p21),.cout(c21));
    CELL C31(.a(a[3]),.b(b[1]),.pm_in(c30),.cin(c21),.pm_out(p31),.cout(c31));

    CELL C02(.a(a[0]),.b(b[2]),.pm_in(p11),.cin(0),.pm_out(p02),.cout(c02));
    CELL C12(.a(a[1]),.b(b[2]),.pm_in(p21),.cin(c02),.pm_out(p12),.cout(c12));
    CELL C22(.a(a[2]),.b(b[2]),.pm_in(p31),.cin(c12),.pm_out(p22),.cout(c22));
    CELL C32(.a(a[3]),.b(b[2]),.pm_in(c31),.cin(c22),.pm_out(p32),.cout(c32));

    CELL C03(.a(a[0]),.b(b[3]),.pm_in(p12),.cin(0),.pm_out(p03),.cout(c03));
    CELL C13(.a(a[1]),.b(b[3]),.pm_in(p22),.cin(c03),.pm_out(p13),.cout(c13));
    CELL C23(.a(a[2]),.b(b[3]),.pm_in(p32),.cin(c13),.pm_out(p23),.cout(c23));
    CELL C33(.a(a[3]),.b(b[3]),.pm_in(c32),.cin(c23),.pm_out(p33),.cout(c33));

endmodule

//===============带阵列乘法器的算术逻辑单元==========
module alu(A,B,SW,C,Z,Res,x,y);

input[3:0]  A;            //操作数 A
input[3:0]  B;            //操作数 B

input[2:0]  SW;           //操作选择

output[7:0] Res;          //结果
output      C;            //进位标志位
output      Z;
output x,y;
wire        C;
wire        Z;

wire[7:0]   Res;

reg C_reg;
reg Z_reg;

//======================================================

reg[4:0]    RR;
wire[4:0]   AA;
wire[4:0]   BB;

assign x=0;
assign y=0;

assign  AA={A[3],A[3:0]};
```

```verilog
assign  BB={B[3],B[3:0]};

//==================引用阵列乘法器做乘法运算================
wire[3:0]   mult_A;
wire[3:0]   mult_B;
wire[7:0]   mult_Res;

assign  mult_A=A;
assign  mult_B=B;

//----------------------------

MULTIPLIER MULT(
.dataA(mult_A),
.dataB(mult_B),
.Res(mult_Res)
);

//----------------------------

//================================================

//=================写标志位操作与结果输出====================
assign  Z=Z_reg;

assign  C=(SW==3'b000||SW==3'b001)?C_reg:C;//写进位标志位

assign  Res=(SW==3'b111)?mult_Res:((SW==3'b000||SW==3'b001)?{RR[4],RR[2:
0]}: RR[3:0]);//输出结果
//================================================

always  @   (SW or AA or BB )
begin
    case(SW)
        3'b000:              //------ADD
            begin
                RR<=AA+BB;
            end

        3'b001:              //-------SUB
            begin
                RR<=AA-BB;
            end

        3'b010:                 //--------AND
            begin
                RR<=A&B;
            end
        3'b011:                 //--------OR
            begin
                RR<=AA|BB;
```

```
            end

    3'b100:                //-------NOT
        begin
            RR<=~AA;
        end

    3'b101:                //------XOR
        begin
            RR<=AA^BB;
        end

    3'b110:                //------NAND
        begin
            RR<=~(AA&BB);
        end
    3'b111:                //----------MULTIPLE
        begin

        end
    endcase

    C_reg=RR[4]^RR[3];

    if(Res==0)  Z_reg<=1;
    else     Z_reg<=0;

end
endmodule
```

7. 系统恢复

为方便其他实验的顺利开设，实验完成后，必须要将原出厂硬连线控制器的相关内容重新装入 EPM7128S 中。

第4章 数字逻辑与数字系统综合设计实验

4.1 简易电子琴实验

1. 实验目的

(1) 掌握简易电子音响的基本原理。
(2) 通过简易电子的设计掌握数字逻辑与数字系统的设计方法。
(3) 掌握 EDA 软件 QUARTUS II 的基本使用方法。
(4) 掌握用硬件描述语言设计复杂数字电路的方法。

2. 实验原理

1) 简易电子音响

电子音响是当今一个很时髦的物品，操作简单，声音动听。大家都知道一个基本的物理原理：振动发声。无论何种声音，都是通过振动产生的。例如，刮风时由于空气的振动产生了风声；用木棍敲击铜钟时，铜钟振动产生钟声。在 TEC-8 实验台上，通过喇叭的纸盆振动发声，只要控制纸盆的振动频率，就能控制声音的音调；只要控制纸盆振动的长短，就能控制声音的节拍；只要控制振动的幅度，就能控制声音的强度。本实验只控制声音的音调和节拍。

2) 小喇叭及其驱动电路

TEC-8 实验台上的喇叭及其驱动电路如图 4.1 所示。

图 4.1　喇叭及其驱动电路

图 4.1 中，当短路子 DZ1 断开(置于右边)时，喇叭不受控制，因此不发声。喇叭的阻抗为 8Ω，R30 是防止喇叭烧毁的限流电阻，R29 是晶体三极管 Q2 的基极电阻。当控制信号 SPEAKER 为高电平时，Q2 饱和，电流流过喇叭；当控制信号 SPEAKER 为低电平时，Q2 截止，没有电流流过喇叭。控制了电流流过喇叭的频率，就控制了喇叭纸盆振动的频率。本实验中，我们使用方波信号 SPEAKER 控制喇叭纸盆的振动。方波信号虽然不是正弦波，但

它的基波是正弦波，而且频率同方波频率一致。基波在控制喇叭振动中起主要作用。喇叭的纸盆振动也不可能突变，因此用方波信号控制喇叭纸盆的振动也能产生出清晰的声音。

3) 音调的频率

每个音调对应 1 个固定的频率，本实验中用到的 C 调的音符和对应频率见表 4.1。

表 4.1　C 调的部分音符对应频率表

音符	i	7	6	5	4	3	2	1
频率/Hz	262	294	330	349	392	440	494	523
开关	S7	S8	S9	S10	S11	S12	S13	S14

3．实验设备

(1) TEC-8 实验系统　　　　　　　　　　1 台
(2) 逻辑测试笔(在 TEC-8 实验台上)　　　1 支
(3) PC　　　　　　　　　　　　　　　　1 台
(4) 双踪示波器　　　　　　　　　　　　1 台
(5) 万用表　　　　　　　　　　　　　　1 块

4．实验任务

(1) 利用 TEC-8 实验系统上的时钟信号 MF，对其进行分频，产生出表 4.1 中的 8 个音频信号。

(2) 使用 TEC-8 实验系统上的 8 个开关 S14～S7 代表 8 个琴键。其中 S7 代表 i。当 S7～S14 中的某个开关拨到向上位置时，发出对应的音调，拨到向下位置时，停止发声。**任何时候，只允许 S7～S14 中的一个开关处于向上位置。**

(3) 在 PC 上 QUARTUS Ⅱ 环境中用硬件描述语言设计出程序，经过编译，然后下载到 EPM7128S CPLD 器件中，构成一个电子琴。

(4) 听喇叭发出的声音，如果其不符合要求，则重新修改程序、编译后下载，直到正确为止。

5．实验提示

1) EPM7128S CPLD 芯片引脚信号

喇叭控制信号 SPEAKER 由 TEC-8 实验台的 EPM7128S CPLD 器件产生，实验中需要将"控制转换"置于"硬连线"位置。

本实验中，使用的信号及其对应 EPM7128S CPLD 的引脚如表 4.2 所示。

表 4.2 中的 MF、S7～S14 等信号和 EPM7128S CPLD 的引脚并没有直接与时钟、开关连接，它们是通过一条扁平电缆连接的，因此做实验时，需将扁平电缆的 34 芯端插到插座 J6 中，将 6 芯端插到插座 J5 中(**插头上箭头指向的引脚 1 对准插座上的标号 1**)，将 16 芯端插到插座 J8 中(**插头上箭头指向的引脚 1 对准插座上的标号 1**)。

注意：扁平电缆进行插接或者拔出必须在关电源后进行。另外，做实验时，应将短路子 DZ1 短接(置于左边)，开关 S15 置为"1"，以使喇叭受到控制；实验完成后，应将短路子 DZ1 断开(置于右边)。

表 4.2　简易电子琴实验 EPM7128S CPLD 引脚对应关系

信号名	引脚号	信号方向	信号意义
MF	55	in	由实验台上的石英晶振产生的频率 1MHz 的时钟
CLR#	1	in	按一次 CLR 按钮后产生的复位信号，低电平有效
SPEAKER	52	out	喇叭的控制信号
S14	81	in	开关
S13	80	in	开关
S12	79	in	开关
S11	77	in	开关
S10	76	in	开关
S9	75	in	开关
S8	74	in	开关
S7	73	in	开关

2) 音调分频程序示例

音调 1 的频率是 262Hz，音调 i 的频率是 523Hz，如果直接用 1MHz 的主时钟信号分频，则产生 262Hz 的信号需要对 1MHz 信号进行 3816(十六进制 0EE8H)分频，产生 523Hz 的信号需要对 1MHz 的信号进行 1912(十六进制 778H)分频。这样产生 262Hz 信号的分频器需要 12 个宏单元，产生 523Hz 信号的分频器需要 11 个宏单元，**占用资源太多**。为了节省资源，首先对 1MHz 信号进行 10 分频得到 100kHz 信号，作为分频的基准，其他音调的信号由 100kHz 信号通过分频产生。

驱动喇叭发声的信号 SPEAKER 应当是占空比为 50%的方波。

对 100kHz 信号进行分频产生 261Hz 信号的设计程序如下：

```
p1:process(clr,f100k,f1_t,f1)
    begin
        ifclr = '0'then
            f1_t <= x"00";
            f1 <= '0';
        elsif f100k'event and f100k = '1'then
            if f1_t = x"be" then      //十六进制be相当于190,因此是进行191分频。
                f1_t <= x"00";
                f1 <= not f1;         //2分频
            else
                f1_t <= f1_t +'1';
                f1 <= f1;
            end if;
        end if;
    end process;
```

上面的程序中首先对 100kHz 信号进行了 191 分频得到信号 f1_t，然后对 f1_t 进行 2 分频得到信号 f1。f1 实际频率为 261.7Hz。

6. 系统恢复

实验完成后，必须要将硬连线控制器的相关内容重新装入 EPM7128S 中，以备以后做其他实验使用。

4.2　简易频率计实验

1. 实验目的

(1) 掌握频率计的基本原理。
(2) 通过简易频率计的设计掌握数字逻辑与数字系统的设计方法。
(3) 掌握 EDA 软件 QUARTUS Ⅱ 的基本使用方法。
(4) 掌握用硬件描述语言设计复杂数字电路的方法。

2. 实验原理

频率计是一种常用的仪器，用于测量一个信号的频率或者周期。与示波器相比，它测量频率更加准确、直观。

一个频率计总体上分为两部分：第一部分以被测信号作为计数时钟进行计数；第二部分将计数结果显示出来。频率的显示方法有两种，一种是用数码管显示，另一种是用液晶显示屏显示。本实验采用的是数码管显示方法，用 6 个数码管显示，最多显示 6 位十进制数。LG1显示个位数，LG2 显示十位数，LG3 显示百位数，LG4 显示千位数，LG5 显示万位数，LG6显示十万位数。6 个数码管中，对 LG1 采用使用 8 位数据直接驱动各发光二极管的方法，对LG6～LG2 采用 8-4-2-1 编码的方式驱动。

数码管是常用的显示数字的器件，1 个数码管内部有若干个单独控制的发光二极管。根据用途不同，常用的有日字形或者米字形两类，日字型用于显示 10 个数字 0～9，米字形用于显示更为复杂的符号。无论日字型数码管还是米字形数码管，数码管又分为共阳极和共阴极两种。顾名思义，共阳极数码管中各发光二极管使用公共的阳极(正极)，共阴极数码管中各发光二极管使用公共的阴极(负极)。TEC-8 实验台上配置了 6 个日字型共阳极数码管。一个日字型数码管由 8 个单独控制的发光二极管构成，8 个发光二极管分别命名为 a、b、c、d、e、f、g 和 dp，其中 dp 代表小数点，各发光二极管的位置见图 4.2。

这种 8 个发光二极管构成的数码管用于显示数字 0～9。例如，需要显示数字 2 时，只要点亮发光二极管 a、b、d、e、g 即可。当需要点亮数码管中的某个发光二极管时，必须使该发光二极管通过一定的电流。图 4.2 中的各个电阻就是各发光二极管的限流电阻，由于在TEC-8 实验系统中使用的是共阳极数码管，因此只要将限流电阻的一端接发光二极管的负极，限流电阻的另一端接低电平，就能点亮相应的发光二极管，改变限流电阻的大小，可以改变发光二极管的亮度。在 TEC-8 实验系统上数码管 LG1(在 6 个数码管的最右边)采用各发光二极管直接驱动的方式，因此使用了 1 个 8 线反向驱动器 74240 驱动。当 LG1-D7～LG1-D0 的任一位为 1 时，数码管 LG1 中对应的发光二极管点亮。数码管 LG6～LG2 各使用了一个 BCD-七段译码器/驱动器 74LS47 驱动。其驱动规则如表 4.3 所示。

图 4.2　TEC-8 实验系统上发光二极管及其驱动电路

表 4.3　BCD-七段译码器驱动规则

D	C	B	A	显示数字
0	0	0	0	0
0	0	0	1	1
0	0	1	0	2
0	0	1	1	3
0	1	0	0	4
0	1	0	1	5
0	1	1	0	6
0	1	1	1	7
1	0	0	0	8
1	0	0	1	9

短路子 DZ2 用于对数码管 LG6～LG1 的供电电源+5V 进行控制。当短路子 DZ2 短接（置于左边）时，数码管正常工作；当短路子 DZ2 断开（置于右边）时，数码管 LG6～LG1 不工作。数码管 LG1 和 LG2 的驱动信号由接线孔引出，可以通过接插线和相应的控制信号连接。

频率计中，被测信号作为计数时钟进行计数时需要一个时间闸门，只有在这个时间闸门允许的时间段内才能进行计数。例如，时间闸门可以是 0.001s、0.01s、0.1s、1s、10s 等。如果时间闸门选用 1s，那么对被测信号计数得到的数就是该信号的实际频率；如果时间闸门选用 0.001s，那么以被测信号作为计数时钟进行计数得到的计数器的值是被测信号实际频率的千分之一；如果时间闸门选用 10s，那么计数器的值是被测信号实际频率的 10 倍。对于选用 10s 的时间闸门而言，在显示频率时，要将小数点放在最低位之前，这样可以得到 0.1Hz 的分辨率。对于选用 0.001s 的时间闸门，显示的是“kHz”而不是“Hz”，用米字型数码管显示“kHz”也不难。不过 TEC-8 实验台上的数码管不能显示“k”字符。在本实验中，只选用 1s 的时间闸门，只显示频率的数字，不显示单位。

时间闸门要求很高的精度，精度至少要在 10^{-5} 以上。因此产生时间闸门信号时一定要用到高精度石英晶体振荡器(石英晶振)。如果石英晶体振荡器的频率是 1MHz，对其进行 1000 分频，能得到 0.001s 的时间闸门；对其进行 1000000 分频，得到 1s 的时间闸门。

由于人眼不能分辨速度过快的显示变化，因此计数器停止计数后需要一段较长的时间显示频率。例如，可以 1s 计数，1s 显示计数值。还有的做法是计数过程中随时显示，计数结束后用 1s 显示计数结果。需要注意的是在时间闸门中计数前，首先要使计数器复位为 0，以保证计数值准确。这个计数器复位工作通常在按下复位按钮后进行一次，保证第一次计数准确；在显示用的每个时间段的最后通过内部产生的复位信号进行 1 次计数器复位工作，为下次计数做好准备。

影响频率计计数能力的主要因素是计数器的速度。如果一个计数器的计数速度不高，就无法对高频信号计数，测出的频率是不真实的。本实验中不考虑这个问题。

在测量一个信号的周期时，通常的做法是将信号的周期作为时间闸门，用一个频率精确的信号作为计数时钟脉冲，计算在时间闸门内通过的计数时钟脉冲个数。例如，采用 1MHz 的计数时钟脉冲时，如果在一个信号周期内有 678 个计数时钟脉冲通过，则该信号的周期就是 678μs。

3. 实验设备

(1) TEC-8 实验系统   1 台

(2) 逻辑测试笔 (在 TEC-8 实验台上)   1 支

(3) PC   1 台

(4) 双踪示波器   1 台

(5) 万用表   1 块

4. 实验任务

(1) 使用频率为 1MHz 的主时钟产生一个时间为 1s 的时间闸门，用于对被测信号进行计数，计数时间为 1s，静态显示时间为 1s。计数过程中对计数器的值进行显示。

(2) 测试 TEC-8 实验台上下列信号的频率：MF、100kHz、10kHz、1kHz、100Hz、10Hz。

(3) 用模式开关 SWB、SWA 选择被测信号，选择标准如表 4.4 所示。

表 4.4 频率计被测信号选择标准

SWB	SWA	被测信号	说明
0	0	MF	既作为主时钟，又作为被测信号
0	1	CP1	短路子 DZ3 选中 100kHz 信号，短路子 DZ4 短接选中 10kHz 信号，**DZ3 和 DZ4 不允许同时短接**
1	0	CP2	短路子 DZ5 选中 1kHz 信号，短路子 DZ6 短接选中 100Hz 信号，**DZ5 和 DZ6 不允许同时短接**
1	1	CP3	短路子 DZ7 选中 10Hz 信号，短路子 DZ7 选中 1Hz 信号，**DZ7 和 DZ8 不允许同时短接**

(4) 频率计采用自上向下或者自下向上的层次方法设计。

(5) 在 PC 上 QUARTUS Ⅱ 用硬件描述语言设计出程序，经过编译，然后下载到 EPM7128S 器件中，构成一个频率计。

(6) 观察实验结果，如果其不符合要求，则重新修改程序、编译后下载，直到正确为止。

5. 实验提示

1) EPM7128S CPLD 引脚信号

本实验中使用下列信号，对应 EPM7128S CPLD 的引脚如表 4.5 所示。

表 4.5 简易频率计实验 EPM7128S CPLD 引脚对应关系

信号名	引脚号	信号方向	信号意义
MF	55	in	主时钟及被测信号
CP1	56	in	被测信号，频率为 100kHz 或者为 10kHz
CP2	57	in	被测信号，频率为 1kHz 或者 100Hz
CP3	58	in	被测信号，频率为 10Hz
CLR#	1	in	复位信号，低电平有效
SWA	4	in	选择被测信号
SWB	5	in	选择被测信号

续表

信号名	引脚号	信号方向	信号意义
LG1-D0	44	out	数码管 LG1 的驱动信号
LG1-D1	45	out	数码管 LG1 的驱动信号
LG1-D2	46	out	数码管 LG1 的驱动信号
LG1-D3	48	out	数码管 LG1 的驱动信号
LG1-D4	49	out	数码管 LG1 的驱动信号
LG1-D5	50	out	数码管 LG1 的驱动信号
LG1-D6	51	out	数码管 LG1 的驱动信号
LG1-D7	52	out	数码管 LG1 的驱动信号
LG2-A	37	out	数码管 LG2 的驱动信号
LG2-B	39	out	数码管 LG2 的驱动信号
LG2-C	40	out	数码管 LG2 的驱动信号
LG2-D	41	out	数码管 LG2 的驱动信号
LG3-A	35	out	数码管 LG3 的驱动信号
LG2-B	36	out	数码管 LG3 的驱动信号
LG3-C	17	out	数码管 LG3 的驱动信号
LG3-D	18	out	数码管 LG3 的驱动信号
LG4-A	30	out	数码管 LG4 的驱动信号
LG4-B	31	out	数码管 LG4 的驱动信号
LG4-C	33	out	数码管 LG4 的驱动信号
LG4-D	34	out	数码管 LG4 的驱动信号
LG5-A	25	out	数码管 LG5 的驱动信号
LG5-B	27	out	数码管 LG5 的驱动信号
LG5-C	28	out	数码管 LG5 的驱动信号
LG5-D	29	out	数码管 LG5 的驱动信号
LG6-A	20	out	数码管 LG6 的驱动信号
LG6-B	21	out	数码管 LG6 的驱动信号
LG6-C	22	out	数码管 LG6 的驱动信号
LG6-D	24	out	数码管 LG6 的驱动信号

对于上述信号中的 MF、CP1、CP2、CP3、LG1-D7～LG1-D0，需要用扁平电缆将 EPM7128S 的引脚和 TEC-8 实验台上的对应信号进行连接。将扁平电缆的 34 芯端插到插座 J6 上，将扁平电缆的 12 芯端插到插座 J1 上(插头上箭头指向的引脚 1 对准插座上的标号 1)，将扁平电缆的 6 芯端插到插座 J5 上(插头上箭头指向的引脚 1 对准插座上的标号 1)。**注意：扁平电缆进行插接或者拔出必须在关电源后进行。**另外，做实验时，需要将"控制转换"置于"硬连线"位置，并将短路子 DZ2(置于左边)短接，以使数码管正极接到+5V 上；实验结束后，将短路子 DZ2 断开(置于右边)。

2)异步十进制计数器

对被测信号的频率进行计数的计数器必须是十进制的计数器而不能是十六进制的计数器。一个典型的异步十进制计数器具有如下形式：

```vhdl
library ieee;
use ieee.std_logic_1164.all;
use ieee.std_logic_arith.all;
use ieee.std_logic_unsigned.all;

entity counter10A is port
    (clr: in std_logic;
    clk: in std_logic;
     enable: in std_logic;
    c_out: out std_logic;
    cnt: buffer std_logic_vector(3 downto 0));
end counter10A;

architecture behav of counter10A is
begin
process(clr,clk,cnt,enable)
    begin
        if clr = '0' then
            cnt<= "0000";
            c_out<= '0';
        elsif clk'event and clk = '1' then
            if enable = '1' then
                if cnt = "1001" then
                    cnt<= "0000";
                    c_out<= '1';
                else
                    cnt<= cnt + '1';
                    c_out<= '0';
                end if;
            end if;
        end if;
    end process;
end behav;
```

在上面的程序中，当复位信号 clr 为"0"时，十进制计数器 cnt 复位为"0000"，进位信号 c_out 复位为"0"。enable 信号是时间闸门，clk 是被测信号。在 enable 信号为"1"时，允许在时钟信号 clk 上升沿计数。当计数到"1001"（十进制9）时，下一个时钟脉冲 clk 的上升沿重新回到"0000"（十进制0），周而复始计数。信号 c_out 只有在 cnt10 的值为"0000"的时间段内为"1"。在异步计数器中，低位计数器产生的 c_out 作为高位计数器的时钟信号。

3）十进制计数器数码管的驱动

十进制计数器的输出除了个位之外，其他十进制位的4位二进制输出直接与数码管的驱动电路连接。十进制计数器的个位由于其相应的数码管是按每个发光二极管驱动，因此必须进行转换。转换使用 case 语句，例如：

```vhdl
library ieee;
use ieee.std_logic_1164.all;
```

```vhdl
entity display is port
    (counter1: instd_logic_vector(3 downto 0);
    a,b,c,d,e,f,g,h: outstd_logic  );
end display;


architecture behaveof display is
    signals_out: std_logic_vector(7 downto 0);
        begin
        a <= s_out(0);
        b <= s_out(1);
        c <= s_out(2);
        d <= s_out(3);
        e <= s_out(4);
        f <= s_out(5);
        g <= s_out(6);
        h <= s_out(7);


    process(counter1)
        begin
            case counter1 is
                when "0000" =>              //显示数字 0
                    s_out<= "00111111";
                when "0001" =>              //显示数字 1
                    s_out<= "00000110";
                when "0010" =>              //显示数字 2
                    s_out<= "01011011";
                when "0011" =>              //显示数字 3
                    s_out<= "01001111";
                when "0100" =>              //显示数字 4
                    s_out<= "01100110";
                when "0101" =>              //显示数字 5
                    s_out<= "01101101";
                when "0110" =>              //显示数字 6
                    s_out<= "01111110";
                when "0111" =>              //显示数字 7
                    s_out<= "00000111";
                when "1000" =>              //显示数字 8
                    s_out<= "01111111";
                when "1001" =>              //显示数字 9
                    s_out<= "01101111";
                whenothers =>
                    s_out<= "00000000";
            end case;
        end process;
        end behave;
```

6. 系统恢复

实验完成后，必须要将硬连线控制器的相关内容重新装入 EPM7128S 中，以备以后做其他实验使用。

4.3 简易交通灯实验

1. 实验目的

(1)学习状态机设计。
(2)掌握数字逻辑与数字系统的设计方法。
(3)掌握 EDA 软件 QUARTUS Ⅱ 的基本使用方法。
(4)掌握用硬件描述语言设计复杂数字电路的方法。

2. 实验原理

交通灯控制是一种常见的控制，几乎在每个十字路口上都可以看到交通灯。本实验通过南北和东西 2 个方向上的 12 个指示灯(4 个黄灯、4 个红灯、4 个绿灯)模拟路口的交通灯控制情况。TEC-8 实验台上的交通灯实验电路如图 4.3 所示。

图 4.3 交通灯实验电路图

12 个发光二极管代表 12 个交通灯。2 个 7 引脚的排电阻向 12 个发光二极管提供电流。排电阻的引脚 1 为公共端，它和排电阻其他引脚之间的电阻值为 1kΩ。当短路子 DZ9 断开(置于右边)时，两个排电阻的引脚 1 悬空；当短路子 DZ3 短接(至于左边)时，两个排电阻的引脚 1 接+5V，通过排电阻给 12 个发光二极管供电。控制信号 TL0～TL11 分别控制各发光二极管的负极。由于 2 个 7404 器件对控制信号 TL0～TL11 反相后接到发光二极管的负极，因此当 TL0～TL11 中的某一个信号为 "1" 时，对应的发光二极管有电流流过而被点亮。只要对信号 TL0～TL11 进行合适的控制，就能使 12 个发光二极管按要求亮、灭。

3. 实验设备

(1) TEC-8 实验系统　　　　　　　　　　1 台
(2) 逻辑测试笔(在 TEC-8 实验台上)　　　1 支
(3) PC　　　　　　　　　　　　　　　　1 台
(4) 双踪示波器　　　　　　　　　　　　1 台
(5) 万用表　　　　　　　　　　　　　　1 块

4. 实验任务

模拟十字路口交通灯的运行情况，完成下列功能。

(1) 按下复位按钮 CLR 后，进入(2)状态。

(2) 南、北方向的 2 个绿灯亮，允许车辆通行；东、西方向的 2 个红灯亮，禁止车辆通行。时间 10s。

(3) 南、北的 2 个黄灯闪烁，已经过了停车线的车辆继续通行，没有过停车线的车辆停止通行；东、西方向的 2 个红灯亮，禁止车辆通行。时间 2s。

(4) 南、北方向 2 个红灯亮，禁止车辆通行；东、西方向 2 个绿灯亮，允许车辆通行。时间 10s。

(5) 南、北方向 2 个红灯亮，禁止车辆通行；东、西 2 个黄灯闪烁，已经过了停车线的车辆继续通行，没有过停车线的车辆停止通行。时间 2s。

(6) 返回(2)状态，继续运行。

(7) 如果在(2)状态情况下，按一次启动按钮 QD，立即结束(2)状态，进入(3)状态，以使东、西方向车辆尽快通行。如果在(4)状态情况下，按一次紧急按钮，立即结束(4)状态，进入(5)状态，以使南、北方向车辆尽快通行。

5. 实验提示

(1) CPLD 器件引脚信号。本实验中使用的信号对应的 CPLD 引脚如表 4.6 所示。

表 4.6　交通灯实验 EPM7128S CPLD 引脚对应关系

信号名	引脚号	信号方向	信号意义
MF	55	in	由石英晶振产生的频率 1MHz 的时钟
CLR#	1	in	复位信号，低电平有效
QD	60	in	按 QD 按钮产生的脉冲，在紧急情况下使用
TL0	20	out	控制北方红灯
TL1	21	out	控制北方黄灯
TL2	22	out	控制北方绿灯
TL3	24	out	控制西方红灯
TL4	25	out	控制西方黄灯

信号名	引脚号	信号方向	信号意义
TL5	27	out	控制西方绿灯
TL6	28	out	控制南方红灯
TL7	29	out	控制南方黄灯
TL8	30	out	控制南方绿灯
TL9	31	out	控制东方红灯
TL10	33	out	控制东方黄灯
TL11	34	out	控制东方绿灯

由于信号 MF、QD 的 CPLD 引脚和实验台上的相应信号没有直接连接，因此在实验时首先要将扁平电缆的 34 芯端插到插座 J6 上，将扁平电缆的 6 芯端插到插座 J5 上（**插头上箭头指向的引脚 1 对准插座上的标号 1**）。**注意：扁平电缆进行插接或者拔出必须在关电源后进行。**

实验中需要将"控制转换"置于"硬连线"位置。

（2）状态机。本实验是典型的状态机实验。首先从 1MHz 的 MF 时钟信号经过 5 次 10 分频产生 0.1s 的计数时钟，用以对计数器计数，用计数器的值控制状态机状态之间的转换。当按下一次 QD 按钮时，直接修改计数器的值，使状态转换提前发生。

本实验中有的状态机有 4 个状态，分别对应实验任务中的（2）～（5）。状态机的示例程序如下：

```
state_p: process(clr,clk)
    begin
            ifclr = '0'then
                state <= "00";
            elsifclk'eventandclk = '1'then        //clk 为 0.1s 的时钟信号
                state <= next_state;
            end if;
    end process;

state_trans: process(clk,state,count)
    begin
            case state is
                when "00" =>        //0 状态
                    if count = "1100011" then    //10s 到了吗
                        next_state<= "01";       //转到 1 状态
                    else
                        next_state<= "00";       //继续 0 状态
                    end if;

                when "01" =>        //1 状态
                    if count = "1110111" then    //12s 到了吗
                        next_state<= "11";       //转到 2 状态
                    else
                        next_state<= "01";       //继续 1 状态
                    end if;
```

```
            when "11" =>            //2 状态
                if count = "1100011" then    //10s 到了吗
                .    next_state<= "10";      //转到 3 状态
                else
                    next_state<= "11";       //继续 2 状态
                end if;

            when "10" =>            //3 状态
                if count = "1110111" then    //12s 到了吗
                    next_state<= "00";       //转到 0 状态
                else
                    next_state<= "10";       //继续 3 状态
                end if;
        end case;
    end process;
```

上述的状态机由 2 个 PROCESS 语句构成。第一个 PROCESS 语句给出了状态机中每 0.1s 用 next_state 代替 state；第 2 个 PROCESS 语句根据时间控制 next_state 的产生。

(3)黄灯闪烁可通过连续亮 0.2s、灭 0.2s 实现。

(4)本实验中短路子 DZ9 需要短接(置于左边)。实验完毕后，短路子 DZ9 断开(置于右边)。

6. 系统恢复

实验完成后，必须要将硬连线控制器的相关内容重新装入 EPM7128S 中，以备以后做其他实验使用。

4.4 VGA 接口设计实验

1. 实验目的

(1)学习 VGA 接口的工作原理和在显示器上显示某种特定图形的方法。

(2)掌握数字逻辑与数字系统的设计方法。

(3)掌握 EDA 软件 QUARTUS Ⅱ的基本使用方法。

(4)掌握用硬件描述语言设计复杂数字电路的方法。

2. 实验原理

1)VGA 接口

VGA 彩色显示器($640 \times 480/60Hz$)显示过程中所必需的信号，除 R、G、B 三基色信号外，行同步 HS 和场同步 VS 也是非常重要的两个信号。在显示器显示过程中，HS 和 VS 的极性可正可负，在显示器内可自动转换为正极性逻辑。

现以正极性为例，说明 CRT 的工作过程：R、G、B 为正极性信号，即高电平有效。当 VS=0，HS=0，CRT 显示的内容为亮的过程，即正向扫描过程约为 26μs，当一行扫描完毕，行同步 HS=1，约需 6μs；期间，CRT 扫描产生消隐，电子束回到 CRT 左边下一行的起始位置(X=0，Y=1)；当扫描完 480 行后，CRT 的场同步 VS=1，产生场同步使扫描线回到 CRT 的第一行第一列(X=0，Y=0)处(约为两行周期)，HS 和 VS 的时序如图 4.4 所示。

图 4.4　HS 和 VS 时序图

在图 4.4 中，T1 为行同步消隐(约为 6μs)；T2 为行显示时间(约为 26μs)；T3 为场同步消隐(两行周期)；T4 为场显示时间(480 行周期)。

表 4.7 是各种颜色的编码表。

表 4.7　颜色编码表

颜色	黑	黄	红	品红	绿	青	黄	白
R	0	0	0	0	1	1	1	1
G	0	0	1	1	0	0	1	1
B	0	1	0	1	0	1	0	1

2) VGA 接口驱动

TEC-8 实验系统中，VGA 接口的驱动电路如图 4.5 所示。

图 4.5　VGA 接口驱动电路

图 4.5 中，J2 是一个 15 芯的插座，与 PC 上的显示器插座相同。VGA 接口的控制信号 VGA-R(红)、VGA-G(绿)、VGA-B(蓝)、VGA-H(行同步)、VGA-V(场同步)经 74244 驱动后通过 100Ω电阻送往插座 J2。

3. 实验设备

(1) TEC-8 实验系统	1 台
(2) 逻辑测试笔(在 TEC-8 实验台上)	1 支
(3) PC	1 台
(4) PC 用的显示器	1 台
(5) 双踪示波器	1 台
(6) 万用表	1 块

4. 实验任务

(1) 在 VGA 接口显示器上显示出下列图形:横彩条、竖彩条、彩色方格和全屏同一彩色。其中横彩条要包括黑、黄、红、品红、绿、青、黄、白 8 种颜色,每种颜色彩条宽度基本相等。同样竖彩条也要包括黑、黄、红、品红、绿、青、黄、白 8 种颜色,每种颜色彩条宽度基本相等。

(2) 在接口内部设置一个 2 位的模式计数器。当 CLR#为低电平时,模式计数器复位为 "00",当 QD 的上升沿到来后,模式计数器加 1。当模式计数器为 "00" 时,显示横彩条;当模式计数器为 "01" 时,显示竖彩条;当模式计数器为 "10" 时,显示彩色方格;当模式计数器为 "11" 时,显示同一种颜色。

5. 实验提示

(1) CPLD 器件引脚信号。本实验中使用的信号对应的 CPLD 引脚如表 4.8 所示。

表 4.8　VGA 接口设计实验 EPM7128S CPLD 引脚对应关系

信号名	引脚号	信号方向	信号意义
VGA-R	34	out	VGA 接口的红色信号
VGA-G	35	out	VGA 接口的绿色信号
VGA-B	36	out	VGA 接口的蓝色信号
VGA-H	37	out	VGA 接口的行同步信号
VGA-V	39	out	VGA 接口的场同步信号
MF	55	in	频率为 1MHz 的主时钟信号
QD	60	in	模式计数器时钟,按 QD 按钮后产生,高电平有效
CLR#	1	in	复位信号,按 CLR 按钮后产生,低电平有效

由于信号 MF、QD 的 CPLD 引脚和实验台上的相应信号没有直接连接,因此在实验时首先要将扁平电缆的 34 芯端插到插座 J6 上,将扁平电缆的 6 芯端插到插座 J5 上(**插头上箭头指向的引脚 1 对准插座上的标号 1**)。注意:**扁平电缆进行插接或者拔出必须在关电源后进行。**

实验中需要将"控制转换"置于"硬连线"位置。

(2) 主时钟 MF 的频率是 1MHz,因此很容易通过计数的办法产生 $26\mu s$ 和 $6\mu s$ 左右的时间长度。由于每台显示器在参数上略有差别,实验时需要根据显示器的参数调整时间长度。

(3)可以使用行同步脉冲作为行计数器的计数时钟。

(4)把 26μs 时间段分为 8 个小时间段，在每个小时间段内向 VGA 接口输出一个固定的 VGA-R、VGA-G、VGA-B 值，就会在显示器上显示出希望的竖彩条。

(5)将 480 行分为 8 部分，在每一部分向 VGA 接口输出一个固定的 VGA-R、VGA-G、VGA-B 值，就会在显示器上显示出希望的横彩条。

(6)将竖彩条和横彩条异或，就能得到颜色方格。

6. 系统恢复

实验完成后，必须要将硬连线控制器的相关内容重新装入 EPM7128S 中，以备以后做其他实验使用。

第5章 VHDL 简介

VHDL 的英文全名是 Very High Speed Integrated Circuit Hardware Description Language，即超高速集成电路硬件描述语言。它最早是美国国防部在进行超高速集成电路计划中，为了各个电子系统承包商之间的产品能相互兼容，避免重复设计以降低开发费用，而提出的一种硬件描述语言。VHDL 于 1987 年 12 月通过 IEEE 的标准审查，并宣布实施，即 IEEE STD 1076-1987。1993 年，VHDL 重新修订，形成新的标准即 IEEE STD 1076-1993（与之相对，另一种最早由 Candence 公司的子公司 Gate Way Design Automatic 提出并作为"私有财产"使用的硬件描述语言 Verilog HDL 于 1995 年成为 IEEE 标准，即 IEEE STD 1364.1995）。

VHDL 描述能力强、覆盖面广、抽象能力强，所以用 VHDL 作为硬件模型建模很合适。设计者的原始描述是非常简练的硬件描述，经过 EDA 工具综合处理，最终生产付诸生产的电路描述或版图参数描述的工艺文件。整个过程通过 EDA 工具自动完成，大大减轻了设计人员的工作强度，提高了设计质量，减少了出错的机会。

VHDL 可读性好。VHDL 既能容易被读懂又能被计算机识别，作为技术人员编写的源文件，既是计算机程序、技术文档和技术人员的硬件信息交流文件，又是签约双方的合同文件。VHDL 中设计实体（Design Entity）、程序包（Package）、设计库（Library）为设计人员重复利用别人的设计提供了技术手段。重复利用他人的 IP 模块和软核（Soft Core）是 VHDL 的特色，许多设计不必个个都从头再来，只要在更高层次上把 IP 模块利用起来，就能达到事半功倍的效果。

VHDL 的移植性很强。因为它是一种标准语言，故它的设计描述可以被不同的工具所支持。它可以从一个模拟工具移植到另一个模拟工具，从一个综合工具移植到另一个综合工具，从一个工作平台移植到另一个工作平台去执行，这意味着同一个 VHDL 设计描述可以在不同的设计中采用。目前，在可编程逻辑器件（PLD）设计中广泛使用 VHDL，并且 IEEE 已经规定每个 PLD 厂家开发的设计系统都要支持 VHDL。

VHDL 本身的生命期长。因为 VHDL 的硬件描述与工艺技术无关，不会由工艺技术变化而导致描述过时。而与工艺技术有关的参数可通过 VHDL 提供的属性加以描述，当工艺技术改变时，只需修改相应程序中的属性参数即可。

VHDL 的不足之处是：设计的最终实现取决于针对目标器件的编程，工具的不同导致综合质量不一样。

5.1 VHDL 程序的基本结构

一个 VHDL 程序包含实体（Entity）、结构体（Architecture）、配置（Configuration）、程序包（Package）、库（Library）5 个部分。其中实体是一个 VHDL 程序的基本单元，由实体说明和结构体两部分组成。实体说明用于描述设计系统的外部接口信号；结构体用于描述系统的行为、系统数据的流程或者系统组织结构形式。配置用于从库中选取所需单元来组成系统设计的不同规格的不同版本，使被设计系统的功能发生变化。程序包存放各设计模块能共享的数据类型、常数、子程序等。库用于存放已编译的实体、结构体、程序包、配置。库有两种：一种是用户自行生成的 IP 库，一些集成电路设计中心开发了大量的工程软件，其中有不少好的设计范例，可以重复引用，所以用户自行建库是专业 EDA 公司的重要任务之一；另一种是 PLD、ASLC 芯片制造商提供的库，如常见的 74 系列芯片、RAM/ROM 控制器、Counter 计数器等标准模块，用户可以直接引用，而不必从头学起。

5.1.1 实体说明

VHDL 表达的所有设计均与实体有关，实体是设计最基本的模块。如果设计分层次，则设计的最顶层是顶级实体，顶级实体中包含较低级别的实体。

设计实体的一般格式为：

```
ENTITY 实体名 IS                        //ENTITY 是实体说明关键字
      [GENERIC   (类属表);]
      PORT(端口表);
      END 实体名;
```

根据设计实体的一般格式，可以看到设计实体中包含端口说明(PORT)与类属参数说明(GENERIC)两部分。端口说明表示该设计单元与其他设计单元相连接的端口(输入输出信号)的名称、端口的模式及端口信号取值的类型；类属参数说明表示设计单元的默认类属参数值，如规定端口的大小、实体中子元件的数目、实体的定时特性等参数。

1. 类属参数说明

类属参数说明必须放在端口说明之前用于指定参数，但有时在设计过程中无须指定参数，这部分可以省略。

2. 端口说明

端口说明是对基本设计实体(单元)与外部接口的描述，也可以说是对外部引脚信号的名称，数据类型和输入、输出方向的描述。其一般书写格式如下：

```
PORT(端口名[,端口名];方向数据类型名
...
端口名[,端口名];方向数据类型名);
```

(1)端口名。端口名是赋予每个外部引脚的名称，通常用一个或几个英文字母，或者用英文字母加数字命名。

(2)端口方向。端口方向用来定义外部引脚的信号方向是输入还是输出。

凡是用 IN 进行方向说明的端口，其信号自端口输入到结构体，而结构体内部的信号不能从该端口输出。相反，凡是用 OUT 进行方向说明的端口，其信号将从结构体内经端口输出，而不能通过该端口向结构体输入信号。

另外，INOUT 用以说明该端口是双向的，可以输入也可以输出；BUFFER 用以说明该端口可以输出信号，且在结构体内部也可以利用该输出信号；LINKAGE 用以说明该端口无指定方向，可以与任何方向的信号连接。表示方向的说明符及其含义如表 5.1 所示。

表 5.1　端口方向说明

方向说明符	含义
IN	输入
OUT	输出(结构体内部不能再使用)
INOUT	双向
BUFFER	输出(结构体内部可再使用)
LINKAGE	不指定方向,无论哪一个方向都可连接

(3)数据类型。在 VHDL 中有 10 种数据类型,但是在逻辑电路中只用到了其中的两种:BIT 和 BIT_VECTOR。

当端口被说明为 BIT 数据类型时,该端口的信号取值只可能是"1"或"0",注意,这里的"1"和"0"是指逻辑值,即 BIT 数据类型是位逻辑数据类型,其取值只可能是两个逻辑值("1"和"0")的一个。

当端口被说明为 BIT_VECTOR 数据类型时,该端口的取值可能是一组二进制位的值。

【例 5-1】端口说明。

```
ENTITY mul IS
    PORT( d0,d1,d2 : IN   BIT;
        q : OUT BIT;
        bus : OUT  BIT_VECTOR;
        mid : BUFFER BIT);
    END mul;
```

5.1.2　结构体说明

所有能被仿真的实体都有一个结构体描述,结构体是设计实体的次级单元。结构体同实体一样,也是一个基本设计单元的实体,它具体指明了该基本设计单元的行为、元件及内部的连接关系,也就是说它定义了设计单元具体的功能。一个设计实体可以有多个结构体,分别代表该器件的不同方案。

由于结构体是对实体功能的具体描述,因此它一定要跟在实体的后面。在编译时,通常是编译实体之后才能对结构体进行编译。

结构体的描述格式为:

```
ARCHITECTURE （结构体名） OF （实体名） IS
    [常量定义]
    [内部信号定义]
    [元件定义]
    [子程序定义]
    BEGIN
        [并行信号赋值语句]
        [进程语句]
        [生成语句]
        [元件例化语句]
END [结构体名];
```

即一个结构体从 ARCHITECTURE 结构体名 OF 实体名 IS 开始，至 END 结构体名结束。下面对结构体书写方法及有关内容做一说明。

1. 结构体的名称的命名

结构体的名称是对本结构体的命名，它是该结构体的唯一名称。OF 后面紧跟的实体名表明了该结构体所对应的是哪一个实体。IS 用来结束结构体的命名。结构体名称可以由设计者自由命名。但通常把结构体的名称命名为 behavioral（行为）、dataflow（数据流）、structural（结构），分别对应三种描述方式。

2. 定义语句

定义语句位于 ARCHITECTURE 和 BEGIN 之间用于对结构体内部所使用的信号、常数、数据类型和函数进行定义。

信号的定义语句和端口说明语句一样，应有信号名和数据类型的说明，但因为信号是内部连接用的信号，故没有也不需要有方向的说明。

3. 并行语句

并行语句处于语句 BEGIN 和 END 之间，这些语句具体地描述了结构体的行为及其连接关系。并行就是在结构体中，所有语句都可以并行执行，也就是说，语句的执行不以书写的语句顺序为执行顺序。

VHDL 允许采用三种描述方式(行为描述(Behavioral Descriptions)、数据流描述(Dataflow Descriptions)和结构描述(Structural Descriptions)方式)，或者采用这些格式的任意组合，并允许以不同层次的抽象来描述设计，从算法运用到基本门级描述。不同的描述方式只体现在描述语句上，而结构体的结构是完全一样的。

1) 行为描述

行为描述该设计单元的功能，即描述该硬件能做什么，主要使用函数、过程和进程(Process)语句，以算法形式描述数据的变换和传送。

【例 5-2】4 位等值比较器的行为描述方式的 VHDL 实现。

```
Library ieee;                          //包含 ieee 库
Use ieee.std_logic_1164.all;           //包含 ieee 库的 std_logic_1164 程序
Entity eqcomp4 is port                 //设计实体 eqcomp4
    (a,b:in std_logic_vector(3 downto 0);
    equals:out std_logic);             //定义输入输出信号
end eqcomp4;
architecture behavioral of eqcomp4 is  //eqcomp4 的结构体
begin                                  //结构体开始
    comp:process(a,b)                  //comp 进程，监视 a、b 信号变化，当 a、b
                                       //信号变化时，引发下面语句执行。

        begin
            if a=b then  equal<='1';   //当 a=b 时，equals=1
        else     equal<='0';           //当 a!=b 时，equals=0
            end if;
```

```
    end process comp;                            //结束进程 comp
end behavioral;                                  //结束结构体描述
```

2) 结构描述

结构描述该设计单元的硬件结构，即该硬件是如何构成的，主要使用配置指定语句及元件例化语句描述元件的类型及元件的互连关系。

【例 5-3】4 位等值比较器的结构描述方式的 VHDL 实现。

```
Library ieee;                                    //包含 ieee 库
Use ieee.std_logic_1164.all;                     //包含 ieee 库的 std_logic_1164 程序
Entity eqcomp4 is port                           //设计实体 eqcomp4
    (a,b:instd_logic_vector(3 downto 0)
    equals:out_std_logic);                       //定义输入输出信号
end eqcomp4;
architecture struct of eqcomp4 is
    component xnor2                               //元件定义，定义两输入端同或门
        port(a,b:in_std_logic;x:out std_logic);  //同或门输入输出信号
    end component;
    component and4                               //元件定义，定义四输入端与门
        port(a,b,c,d:in_std_logic;y:out std_logic );
                                                 //与门输入输出信号
    end component;
signal x:std_logic_vector(0 to 3);               //定义中间信号 x
begin
    u0:xnor2 port map (a(0),b(0),x(0));          //实例化同或门 u0
    u1:xnor2 port map (a(1),b(1),x(1));          //实例化同或门 u1
    u2:xnor2 port map (a(2),b(2),x(2));          //实例化同或门 u2
    u3:xnor2 port map (a(3),b(3),x(3));          //实例化同或门 u3
    u4:xnor2 port map (x(0),x(1),x(2),x(3),equals); //实例化同或门 u4
end struct;
```

根据以上 4 位等值比较器的结构描述方式，可以看出结构描述采用元件例化语句来描述元件的类型及元件的互连关系。其中 a(0)、b(0)加到 u0 的输入端，a(1)、b(1)加到 u1 的输入端，a(2)、b(2)加到 u2 的输入端，a(3)、b(3)加到 u3 的输入端，u0、u1、u2、u3 的输出信号 x(0)、x(1)、x(2)、x(3)加到与门 u4 的输入端，u4 的输出 equals 为四位等值比较器的输出。

3) 数据流描述

数据流描述以类似于寄存传输的方式描述数据的传输和变换，主要使用并行的信号赋值语句，既显式表示了该设计单元的行为，也隐式表示了该设计单元的结构。

【例 5-4】4 位等值比较器的数据流描述方式的 VHDL 实现。

```
Library ieee;                                    //包含 ieee 库
Use ieee.std_logic_1164.all;                     //包含 ieee 库的 std_logic_1164 程序
Entity eqcomp4 is port                           //设计实体 eqcomp4
        (a,b:instd_logic_vector(3 downto 0)
    equals:out_std_logic);                       //定义输入输出信号
end eqcomp4;
```

```
Architecture dataflow of eqcomp4 is begin
        Equals<='1'when(a=b) else '0';  //如果 a==b，equals 为 "1"，否则为 "0"
End dataflow;
```

根据以上给出的 VHDL 描述可知，数据流描述是通过信号赋值语句来描述它的功能的。

5.1.3　程序包

程序包（PACKGE）是使已定义的常数、数据类型、函数、过程等能被其他设计共享的一种数据结构。

定义格式：

```
    PACKGE 程序包名 IS              //程序包首
        程序包首说明；
    END 程序包名；

    PACKGE BODY 程序包 IS           //程序包体
程序包体说明；
    END 程序包名；
```

【例 5-5】一个完整的程序包说明。

```
package logic is
type  three_level_logic  is  ('0','1','z');
constant  unknown_velue : three_level_logic := '0';
function  invert (input : three_level_logic) return three_level_logic;
end logic;
package body logic is
  function invert (input :three_level_logic) return three_level_logic is
  begin
    case input is
      when '0' => return '1';
      when '1' => return '0';
      when 'z' => return 'z';
    end case;
   end invert;
  end logic;
```

【例 5-6】程序包的应用。

```
use logic.three_level_logic,         //使程序包相关定义可见
use logic.invert;                     //若用 use logic.all;则程序包中的全部定义可见

entity inverter is
  port (x: three_level_logic; y : out three_level_logic);
end inverter;

architecture behav of inverter is
  begin
    process (x)
```

```
    begin
y <= invert (x) after 2ns;          //函数调用
    end process;
end behav;
```

5.1.4　库

库(LIBRARY)是编译后的数据的集合。库分为两类：设计库和资源库。

1. 设计库

设计库对设计项目总是可见的，有两个库属于设计库范畴。

1) STD 库

STD 库(VHDL 标准库)对于所有设计单元而言都是默认隐含定义的，为所有设计单元所共享，对所有设计单元"可见"。它包含 STANDARD(VHDL 标准包，定义 VHDL 基本数据类型、子类型、函数等)和 TEXTIO(用于仿真)两个程序包，它们是 VHDL 编译工具的组成部分，只要用 VHDL 设计项目，它就是必需的工具。

2) WORK 库

WORK 库是 VHDL 的工作库，它使用户的临时仓库，用户在项目设计中所有成品、半成品模块、元件以及尚未仿真的中间件均放在此。

2. 资源库

除了 STD 和 WORK 之外的库都是资源库。在有些库中存放的元件、函数都是被 IEEE 标准化组织认可的，称为 IEEE 库。

另外各个 EDA 工具厂商都有自己的资源库。

对资源库中任何信息的引用之前必须使用库声明语句，以使库成为可见的；然后使用 USE 语句声明要使用的程序包。

【例 5-7】资源库的使用。

```
LIBRARY IEEE;                        //使 IEEE 库可见
USE IEEE.STD_LOGIC_1164.ALL;         //使库中的程序包 STD_LOGIC_1164 中的所有
                                     //元件成为可见的以后就可以调用了
```

5.1.5　配置

配置语句(CONFIGURATION)用于描述层与层之间的连接关系和实体与结构体之间的连接关系。因为一个实体可以有多种不同的实现方式(对应不同的结构体)，所以用配置语句可以为实体选择不同的结构体，在仿真中，可以根据性能的选择得到最佳的设计目标。

如果一个元件不显式地受限于一个实体，则使用默认连接。默认连接是将元件与工作库中和该元件同名的实体相连接。

配置语句的基本书写格式：

```
CONFIGURATION 配置名 OF 实体名 IS
    [语句说明];
END 配置名;
```

缺省配置格式：

```
CONFIGURATION 配置名 OF 实体名 IS
    FOR 选配结构体名
    END FOR;
END 配置名;
```

【例 5-8】 元件配置。

已知与非门的描述如下：

```
entity nand is
    port (a, b: in std_logic;  c: out std_logic);
end nand;

architecture one of nand is
    begin
        c <= not (a and b);
end one;

architecture two of nand is
    begin
        c <=  '1' when (a='0') and (b='0')  else
'1' when (a='0') and (b='1')  else
'1' when (a='1') and (b='0')  else
'0' when (a='1') and (b='1')  else
            '0';
end two;

configuration invcon of nand is          //为实体 nand 指定一种实现形式：反相器
    for one
        end for;
end invcon;

configuration and2con of counter is      //为实体 nand 指定另一种实现形式：二输入
                                          //与非门

    for two
        end for;
end and2con;
```

现利用以上的与非门设计一个 RS 触发器：

```
entity rsff is
    port (r, s: in std_logic; q, qb out std_logic);
end rsff;
architecture cons of rsffis
    component nand                        //元件说明
        port (a, b: in std_logic;  c: out std_logic);
```

```
    end component;

begin
    u1: nand port map (s, qb, q);
    u2: nand port map (q, b, qb):
end cons;

configuration sel of rsff is          //对实体 RSFF 进行配置
    for cons                          //对实体 RSFF 中的结构体 cons 进行配置
        for u1, u2 : nand             //对结构体 cons 中的元件 u1、u2 进行配置
    use CONFIGRATION WORK.and2con;    //设关于 NAND 的设计已编译，并在 WORK 库中
end for;
    end for;
end sel;
```

5.2　VHDL 的客体及词法单元

5.2.1　标识符

标识符规则就是符号书写的一般规则。VHDL 有两个标准版：VHDL'87 和 VHDL'93。VHDL'87 的标识符语法规则经过扩展后，形成了 VHDL'93 的标识符语法规则。前一部分称为短标识符，扩展部分称为扩展标识符。VHDL'93 含有短标识符和扩展标识符两部分。

1.　短标识符

VHDL 的短标识符是遵守以下规则的字符序列：
(1)字符可以是英文字母、数字、下划线。
(2)字符必须字母打头。
(3)下划线的前后都必须有字母或数字。
(4)字符不区分大小写

虽然 VHDL 不区分大小写，但是，优秀的程序员应该有良好的变成习惯，例如，对于保留关键字应该用大写或黑体，而对于自己定义的标识符应该用小写，以使程序易于阅读、检查错误。

2.　扩展标识符

扩展标识符遵守如下 VHDL'93 增加的标识符书写规则：
(1)扩展标识符用反斜杠定界，如\muti_\screens\、\eda_centrol\。
(2)标识符允许包含图形符号(如回车符、换行符等)、空格，如\mode A and B\、\$100\、\p%name\。
(3)标识符可以用保留关键字，如\buffer\、\entity\、\end\。
表 5.2 列出了 VHDL 的保留关键字。

表 5.2　VHDL 的保留关键字

ABS	ACCESS	AFTER	ALIAS	ALL
AND	ARCHITECTURE	ARRAY	ASSERT	BEGIN
BLOCK	BUFFER	BUS	CASE	COMPONENT
CONFIGURATION	CONSTANT	DISTANT	DOWNTO	ELSE
ELSIF	END	ENTITY	EXIT	FILE
FOR	FUNCTION	GENERIC	GROUP	IF
IMPURE	IN	INERTIAL	INPUT	IS
LABEL	LIBRARY	LINKAGE	LITERAL	LOOP
MAP	MODE	NAND	NEW	NEXT
NOT	NULL	ON	OPEN	OR
OTHERS	OUT	PACKAGE	PORT	POSTPONED
PROCEDURE	PROCESS	PURE	RANGE	RECORD
REGISTER	REJECT	REM	RETURN	ROL
SELECT	SEBERITY	SIGNAL	SHARED	SLA
SLL	SRA	SRL	SUBTYPE	THEN
TO	TRANSPORT	TYPE	UNAFFECTED	UNITES
UNTIL	VARIABLE	WAIT	WHILE	WITH
XNOR	XOR			

(4)标识符可以由数字开头,如\2chip\、\4screens\。

(5)标识符允许多个下划线相连,如\TWO_Computer_sharptor\。

(6)标识符区分大小写,如\EDA\和\eda\不同。

(7)扩展标识符与短标识符不同,如\COMPUTER\与 COMPUTER、computer 等都不同。

(8)扩展标识符若包含反斜杠,则用两个反斜杠表示。

5.2.2　词法单元

1. 注释

每一行中连字符"--"以后直到行末的部分为注释。

2. 数字

(1)整数:都是十进制的数,如 5、678、156E2(15600)、45_234_287(45234287)。

这里数字间的下划线仅仅是为了提高文字的可读性,相当于一个空的间隔符,没有其他意义,因而不影响文字本身的数值。

(2)实数:都是十进制的数,但必须带有小数点,如 198.993、88_670_551.453_909(88670551.453909)、44.99E−2(0.4499)。

(3)以数值基数表示的数:用这种方式表示的数由五个部分组成。第一部分,用十进制数标明数值进位的基数;第二部分,数制隔离符号"#";第三部分,表达的文字,即基于基的整数；第四部分，指数隔离符号 "#"；第五部分，E+用十进制表示的指数，若指数为 0，这一部分可以省略。例如：

```
10#170#                //十进制表示，等于 170
16#FE#                 //十六进制表示，等于 254
2#1111_1110#           //二进制表示，等于 254
8#376#                 //八进制表示，等于 254
16#E#E1                //十六进制表示，等于 2#1110_0000#，即 224
16#F.01#E+2            //十六进制表示，等于 2#1111_0000_0001.#，即 3841.00
2#10.1111_0001#E8      //二进制表示，等于 1506.00
```

3. 字符和字符串

字符是使用单引号引起来的 ASCII 字符，它可以是字母、数字或符号，如'R'、'a'、'*'、'0'、'11'和'-'等。

字符串则是一维的字符数组，需放在双引号中。它包括两类。

(1)文字字符串：双引号括起来的一串文字，其数据类型是一维枚举数组，如"ERROR!"、"BB\$CC"和"Both S and Q equal to 1"等。

(2)数位字符串：又称位矢量或位串，是预定义数据类型 Bit 的一位数组。它与文字字符串类似，但表示的是二进制、八进制、十六进制的数组，其位矢量的长度即等值的二进制数的位数。数位字符串的表示首先要有计算基数，然后将该基数表示的值放在双引号中。例如：

```
B"1_1101_1110"         //二进制数组，每一位表示一个 Bit，位矢量长度为 9
O"15"                  //八进制数组，每一位表示三个 Bit，位矢量长度为 6
X"AD0"                 //十六进制数组，每一位表示四个 Bit，位矢量长度为 12
```

5.2.3　VHDL 的数据类型

1. 标准的数据类型

表 5.3 列出了 VHDL 的标准数据类型，它们在 VHDL 标准程序包 STANDARD 中定义。

表 5.3　VHDL 标准数据类型

数据类型	含义/说明
整数(Integer)	32 位，−2147483647～2147483647，不能按位操作，不能进行逻辑运算，常用于表示系统总线状态或计数器状态。需要综合时，要对范围加以限制
实数(Real)或浮点数(Floating)	−1.0E+38～+1.0E+38，常用于算法研究，书写时加小数点如：−1.0、+2.15、−1.0E38。很多综合器不支持该类型
自然数(Natural)或正整数(Positive)	0, 1,2,3,…; 1,2,3,4…
位(Bit)	单引号，逻辑为'1'或'0'，如 Signal a: bit := '1';
位矢量(Bit_Vector)	双引号，如 Signal a: bit_vector (7 downto 0):="01011000";
布尔量(Boolean)	两种值：TRUE(逻辑真)、FALSE(逻辑假)，初值为 FALSE，常用于表示信号或总线状态
字符(Character)	单引号括起来的 ASCII 字符，注意'B'不同于'b'
字符串(String)	双引号，如"integer range"

数据类型	含义/说明
时间(Time)	又称物理类型，单位：fs、ps、ns、us、ms、sec、min、hr，如 55 sec。很多综合器不支持该类型
错误等级	NOTE、WARNING、ERROR、FAILURE

约束区间说明：

```
INTEGER RANGE 100 DOWNTO 1
BIT-VECTOR (3 DOWNTO 0)
REAL RANGE 2.0 TO 30.0
```

2. 用户定义的数据类型

(1)枚举类型，例如：

```
TYPE week IS (sum, mon, tue, wed, thu, fri, sat);
```

(2)整数型，例如：

```
TYPE digit IS INTEGER RANGE 0 TO 9;
```

(3)数组，由同一类型的数据组织在一起而形成的数据类型，如一维数组：

```
type byte is array (7 downto 0) of bit;
type vector is array (3 downto 0) of byte;
type bit_vector is array ( integer range <>) of bit;     //非限定数组
```

综合器目前不支持二维数组，因此二维数组仅用于仿真。

(4)记录类型，由不同类型的数据组织在一起而形成的数据类型，主要用于仿真。

(5)子类型，通过对某一数据类型进行限定(或者不限定，此时它就是一个"别名")而得到的一种新的数据类型，例如：

```
type bit_vector is array (natural range <>) of bit;
subtype my_vector is bit_vector ( 0 to 15);             //限定位矢量的长度
```

在 VHDL 标准程序包 STANDARD 中定义的自然数类型和正整数类型就是预定义的子类型，其基本数据类型都是整数类型。

使用子类型既能提高程序的可读性，又有利于提高综合的优化效率，因为综合器可以根据子类型所设的约束范围有效地推知参与综合的寄存器的最合适的数目。

3. IEEE 预定义标准数据类型

在 IEEE 库的程序包 STD_LOGIC_1164 中，定义了两个非常重要的数据类型，即 STD_LOGIC 和 STD_LOGIC_VECTOR，其中 STD_LOGIC 的定义如下：

```
TYPE std_logicIS(
     'U',         //未初始化的
     'X',         //强信号不定，未知的
     '0',         //强0
```

```
'1',        //强 1
'Z',        //高阻态
'W',        //弱信号不定，未知的
'L',        //弱 0
'H',        //弱 1
'-',        //不可能情况，忽略
);
```

在程序中使用此数据类型前，需加入以下说明语句：

```
LIBRARY IEEE;                    //库说明语句
USE IEEE.STD_LOGIC_1164.ALL;     //程序包集合说明语句
```

否则，EDA 工具将报错。

由 STD_LOGIC 数据的定义可知，STD_LOGIC 是标准 BIT 数据类型的扩展，对于数据类型定义为标准逻辑位 STD_LOGIC 的数据对象，其可能的取值已非传统的 BIT 一样只有"0"和 "1" 两种取值，而是有 9 种可能。目前，在设计中一般只用 IEEE 的 STD_LOGIC 标准逻辑位类型，BIT 型则很少使用。不过，由于取值的多样性，编程时应当注意，因为在条件语句中，如果未考虑到 STD_LOGIC 的所有可能的取值情况，综合器可能会插入不希望的锁存器。

STD_LOGIC_VECTOR 是 STD_LOGIC 数据类型的一维数组，特别适合于描述总线信号。

4. 其他预定义标准数据类型

Synopsys 公司在 IEEE 库中加入的程序包 STD_LOGIC_ARITH 定义了如下的数据类型：

```
type UNSIGNED is array(NATURAL range<>) of STD_LOGIC;     //无符号型
type SIGNED is array(NATURAL range<>) of STD_LOGIC;       //有符号型
subtype SMALL_INT is INTEGER range 0 to 1;                //小整型
```

如果将信号或变量定义为这几种数据类型，就可以使用该程序包中定义的运算符(同使用 STD_LOGIC 数据类型类似，使用之前需要加入库说明语句和程序包说明语句)。

UNSIGNED(用于无符号数的运算，综合器将这种类型的数解释成一个二进制数，左边是最高位)、SIGNED(用于有符号数的运算，综合器将这种类型的数解释成一个补码形式的二进制数，左边是符号位)用来设计可综合的数学运算程序，在实际应用中，大多数运算都需要用到它们。

在 IEEE 库的程序包 NUMERIC_STD 和 NUMERIC_BIT 中也定义了 UNSIGNED、SIGNED 数据类型，NUMERIC_STD 中是针对 STD_LOGIC 型定义的，NUMERIC_BIT 中是针对 BIT 型定义的，在有些综合器中没有附带 STD_LOGIC_ARITH 程序包，此时只能使用 NUMERIC_STD 和 NUMERIC_BIT 程序包。

5. 类型转换

VHDL 中不同的数据类型不能直接代入(子类型与原数据类型之间无须转换)，相同类型，位长不同也不能代入。

1)函数转换法

表 5.4 列出了常用的类型转换函数。

表 5.4　类型转换函数

程序包	函数名	功能
STD_LOGIC_1164	TO_STDLOGICVECTOR(A)	由 BIT_VECTOR 转换为 STD_LOGIC_VECTOR
	TO_BITVECTOR(A)	由 STD_LOGIC_VECTOR 转换为 BIT_VECTOR
	TO_STDLOGIC(A)	由 BIT 转换成 STD_LOGIC
	TO_BIT(A)	由 STD_LOGIC 转换成 BIT
STD_LOGIC_ARITH	CONV_STD_LOGIC_VECTOR(A，位长)	由 INTEGER、UNSIGNED、SIGNED 转换成 STD_LOGIC_VECTOR
	CONV_INTEGER(A)	由 UNSIGNED、SIGNED 转换成 INTEGER
STD_LOGIC_UNSIGNED	CONV_INTEGER(A)	由 STD_LOGIC_VECTOR 转换成 INTEGER
	CONV_STD_LOGIC_VECTOR(A，位长)	由 INTEGER 转换成 STD_LOGIC_VECTOR

2)类型标记法

例如：

```
I := integer (r);          //设 r 为实数，则 I 为整数
r := real (i);             //设 I 为整数，则 r 为实数
```

5.2.4　VHDL 的对象

VHDL 的对象是指 VHDL 程序中可以被赋值的载体，它包括信号、变量、常量、文件等。

(1)常量。常量是定义在设计描述中不变化的值。

格式：

```
CONSTANT 常数名:数据类型 := 表达式;
```

例如：

```
constant VCC: real := 5.0;
constant width : integer :=8;
constant delay: time := 10ns;
constant fbus: bit_vector := "0101";
```

用途：常量在 ENTITY、ARCHITECTURE、PACKAGE、PROCESS、PROCEDURE、FUNCTION 中保持静态数据，以改善程序的可读性，并使修改程序变得容易。

【例 5-9】常量的定义及使用。

```
architecture behav of example is
begin
process (rst, clk)
    constant zero: std_logic_vector (7 dwonto 0) := "00000000";
begin
   wait until clk = '1';
     if  (rst = '1') then q <= zero;
elsif (en = '1')  then q <= data;
```

```
else   q<= q;
    end if;
end process;
  end behav;
```

(2)变量。变量是定义进程中或子程序中的变化量。

格式:

```
VARIABLE 变量名:数据类型 := 初始值;
```

例如:

```
variable tmp: std_logic := '0';
```

用途:变量在 PROCESS、FUNCTION、PROCEDURE 中使用,用于计算或暂存中间数据,是一种局部量。

【例 5-10】变量的定义及使用。

```
architecture behav of count is
begin
process (clk)
variable temp: integer := '0';
begin
if clk'event and clk='1'  then  temp := temp + 1;
end if;
q <= temp;
end process;
end behav;
```

共享变量:又称全局变量,是 VHDL'93 扩展的功能,可在进程中或子程序说明区或其他说明区中进行定义。**由于全局变量容易引起错误,故应慎用。**

格式:

```
shared variable 变量名:数据类型:=初值;
```

【例 5-11】共享变量的定义及使用。

```
architecture ram is
   subtype data is integer range 0 to 255;
   subtype address is integer range 0 to 15;
   type ram16x8 is array (address) of data;
   signal din, dout : data;
   signal addr : address;
   signal we : bit;
   shared variable mem: ram16x8;
begin
 read: process (we, addr)
   begin
    if we ='0' then
```

```
dout<= mem (addr) after 30 ns;
    end if;
  end process read;
 write: process (we, addr, din)
  begin
    if we = '1' then
      mem (addr) := din;
    end if;
  end process write;
...
end architecture ram;
```

(3) 信号。信号在 ENTITY、ARCHITECTURE 和 PACKAGE 中用于定义内部连线，在元件间起互连接作用；或作为一种数据容器，以保留历史值或当前值。

格式：

```
SIGNAL 信号名:数据类型约束条件:= 表达式;
```

【例 5-12】信号的定义及使用。

```
architecture behav of example is
  constant xdata: integer :=2;
  signal y: integer range 0 to 15;
  begin
   process (s)
     variable tmp: integer := 0;
       begin
        if s ='0' thentmp := 3;
        else tmp := 7;
        end if;
       y <= tmp + xdata;
  end process;
end behav;
```

【例 5-13】信号的定义及使用。

```
architecture behav of counter is
     signal count: std_logic_vector (7 downto 0);
    begin
      process (clk)
        begin
          if (clk'event and clk='1') then
            if en = '1' then
              count <= data;
             else
               count <= count +1;
            end if;
```

```
            end if;
        end process;
    end behav;
```

(4) 文件。文件是在 VHDL'93 种扩充的一种对象，是为传输大量数据而定义的一种数据载体，常用于仿真。

下面对常量、变量和信号做一些比较：

(1) 变量常定义在进程与子程序中，用于保存运算的中间临时数据，或作为循环语句中的循环变量，其赋值(用符号"：=")立即发生。

(2) 常量用于保存静态的数据。

(3) 信号有明显的连线或寄存器的对应关系，具有输出波形，对其赋值(用符号"<=")需要延迟时间，在进程间或子程序间具有信息传递功能。

(4) 注意各种对象定义的所在位置及适用区域的对应关系。

【例 5-14】信号赋值语句。

```
Z<= a nor (b nand c);                 //delta 延迟
Z<= a nor (b nand c) after 5 ns;
Z<="1101";                            //设 Z 为 bit_vector (3 downto 0)
Z(2) <='1';                           //设 Z 为 bit_vector (3 downto 0)
Z<= ('1', '0', '1', '1');             //设 Z 为 bit_vector (0 to 3)
Z(i) <= '0';                          //设 I 为下标变量
(a, b, c, d)<= z;                     //设 Z 为 4 位位矢量，a、b、c、d 都是位类型
```

【例 5-15】变量赋值语句。

```
a:=2;                                 //赋值方法与信号赋值类似，但立即赋值
c:=d+e;
```

5.2.5　VHDL 运算操作符

VHDL 中定义了 4 类运算操作符，分别可以进行逻辑运算、关系运算、算术运算和并置运算。需要注意的是，被操作符所操作的对象是操作数，且操作数的类型应该和操作符要求的类型一致。另外运算符是有优先级的。表 5.5 示出了 VHDL 所有的运算操作符及其优先级次序。

(1) 逻辑运算符包括 NOT、AND、OR、NAND、NOR、XOR 六种，其中 NOT 的优先级最高。

(2) 实际上能够综合的算术运算符只有"+"、"−"和"*"，但在数据位数较长时，要审慎这些操作符，特别是"*"，因为综合时将需要大量的逻辑门。

(3) 对于算术运算符"/"、"MOD"和"REM"，分母的操作数为 2 乘方的常数时，逻辑电路的综合也是可能的。

(4) 关系运算时左右两边的数据类型必须一致，但位长不一定要相等。关系运算是从左至右按位进行的，当位长不等时，将根据较高位比较的结果决定最终结果。

(5) 并置运算符"&"用于将若干位依次连接构成一个位矢量，或将若干个位长较短的位适量依次连接构成一个位长较长的位矢量。

VHDL'93 中扩充了以下移位操作：SLL（逻辑左移）、SRL（逻辑右移）、SLA（算术左移）、SRA（算术右移）、ROL（逻辑循环左移）、ROR（逻辑循环右移）。

表 5.5　VHDL 运算操作符及优先级

优先级次序	运算操作符类型	操作符	功能
低	逻辑运算符	NOT	逻辑非
		AND	逻辑与
		OR	逻辑或
		NAND	逻辑与非
		NOR	逻辑或非
		XOR	逻辑异或
	关系运算符	=	等于
		/=	不等于
		<	小于
		>	大于
		<=	小于等于
		>=	大于等于
	加、减、并置运算符	+	加
		-	减
		&	并置
	正、负运算符	+	正
		-	负
	乘、除运算符	*	乘
		/	除
		MOD	求模
		REM	取余
		**	指数
高		ABS	取绝对值
		NOT	取反

5.3　VHDL 的基本描述语句

用 VHDL 描述系统硬件行为时，按语句执行顺序对其分类，可以分为顺序（Sequential）描述语句和并行（Concurrent）描述语句。

如前面所述，结构描述对一个硬件的结构进行描述，主要描述它由哪些子元件组成，以及各个元件之间的关系，它与系统的原理图设计很相似。行为描述能从行为上描述系统和电路，采用的方法主要是通过一系列的顺序语句和一系列并行语句来进行描述，其中，顺序语句用来实现模型的算法描述，并行语句则用来表示各模型算法描述之间的连接关系。

硬件描述语言所描述的是实际系统，系统中的元件在仿真时刻应该是并行工作的。VHDL中并行处理的语句有：进程语句、并行信号代入语句、条件信号代入语句、选择信号代入语句、并行过程调用语句、块语句。并行描述可以是结构性的，也可是行为性的。

VHDL 提供了一系列丰富的顺序语句，用来定义进程、函数或过程的行为。顺序，意味着完全按照程序中语句出现的顺序执行各条语句，而且还意味着在层次结构中，前面语句的执行结果可能直接影响后面语句的结果。

顺序语句可分为条件控制语句和迭代控制语句两种形式。条件控制语句有 IF 语句和 CASE 语句两种，迭代控制语句有简单循环语句、FOR 循环语句和 While 循环语句。

5.3.1　进程语句

在 VHDL 中，进程用于描述顺序事件(Event)并包含在结构体中。一个结构体可以包含多个进程语句。下面给出进程语句的基本格式：

```
<进程标号>:              //可选项
  process                //对行为的描述
<说明部分>               //敏感表
      begin
<语句部分>               //段顺序程序，它定义该进程的行为
  End process            //描述进程的结束
```

从它的基本格式可以看出，进程语句包含 4 个部分：进程标号、进程敏感表(Sensitivity List)、进程描述语句和结束语句。其中值得说明的是：敏感表包括进程的一些信号，当敏感表中的某个信号变化时进程被激活。

进程有以下特点：

(1)进程可以和其他进程并行运行，并可存取结构体或实体信号中定义的信号；

(2)进程中所有语句都是按顺序来执行的；

(3)为启动进程，在进程结构中必须包含一个显式的敏感信号量或者一个 wait 语句；

(4)进程之间的通信是通过信号量来传递的(图 5.1)，且 PROCESS 中的信号值在执行 END PROCESS 后才改变；

图 5.1　进程间通信

【例 5-16】RS 触发器的 VHDL 描述。

```
architecture sequential of rsFF IS begin
    RS: process (set,reset)                //set 和 reset 是敏感表中的两个激励信号
        Begin
            If set='1'AND reset='0' THEN    //复位信号有效触发器复位(低电平有效)
                Q<='0' after 4ns;
                Qb<='1' after 2ns;
            Elsif set='0' AND reset='1' THEN  //置位信号有效触发器置位
                Q<='1' after 2ns;
                Q<='0' after 4ns;
            Elsif set='0' AND reset='0' THEN
                Q<='1' after 2ns;
                Qb<='1' after 2ns;
```

```
        End if
    End process RS;
End sequential;
```

【例 5-17】BCD_counter60（多进程结构）。

```
LIBRARY IEEE;
USE IEEE.STD_LOGIC_1164.ALL;
USE IEEE.STD_LOGIC_UNSIGNED.ALL;

ENTITY clock IS
PORT(clk:STD_LOGIC;
    second1:OUT STD_LOGIC_VECTOR(3 DOWNTO 0);
    second2:OUT STD_LOGIC_VECTOR(3 DOWNTO 0));
END clock;

ARCHITECTURE rtl OF clock IS
SIGNAL second1n:STD_LOGIC_VECTOR(3 DOWNTO 0);
SIGNAL second2n:STD_LOGIC_VECTOR(3 DOWNTO 0);
BEGIN
  second1<=second1n;
  second2<=second2n;
    P1:PROCESS(clk)
        BEGIN
IF(clk'EVENT AND clk='1') THEN
IF(second1n=9) THEN
                second1n<="0000";
            ELSE
                second1n<=second1n+1;
            END IF;
          END IF;
      END PROCESS;

    P2:PROCESS(clk)
        BEGIN
IF(clk'EVENT AND clk='1') THEN
            IF(second1n=9) THEN          //second1n 是一个信号
IF(second2n=5) THEN
                                          //将另一个进程中的信息传递到本进程中
                second2n<="0000";
            ELSE
                second2n<=second2n+1;
            END IF;
          END IF;
        END IF;
```

```
END PROCESS;
END rtl;
```

WAIT 语句是启动进程 PROCESS 的另一种方式。WAIT 语句表达进程执行的条件，一般有以下几种形式：

```
wait                        //无限等待
wait on                     //敏感信号发生变化时进程启动
wait until  表达式          //表达式条件成立时进程启动
wait for  时间表达式        //等待时间到进程启动
```

例如：

```
WAIT UNTIL  ((X*10)<100);
WAIT FOR  20ns;
```

在 PROCESS 中使用敏感表和 wait 语句是等价的。

例如：

```
process
   begin
       y <= a and b;
       wait on  a, b;            //等待这两个信号中的任一个发生变化则启动进程
end process;
```

等价于下列进程：

```
process (a, b)
   begin
       y <= a and b;
end process;
```

又如：

```
process
   begin
       wait until clk='1';      //表达式：CLK ='1'
       q <= data;
end process;
```

等价于下列进程：

```
process (clk)
   begin
       if clk = '1'  then  q <= data;  end if;
end process;
```

注意：

(1) 在 PROCESS 中，不能同时有敏感表和 wait 语句

(2) PROCESS 中的信号值，有敏感表时，在执行 END PROCESS 语句后改变；而有 WAIT 语句时，执行 WAIT 语句后改变。

5.3.2　并行语句

1. Block 语句

块(Block)可以看作结构体中子模块，它可以把许多并行语句包装在一起。
Block 语句的一般格式如下：

```
块名:Block[(保护表达式)]
                        //保护表达式可选，当有它时，块称为卫式块或保护块
    [类属子句
    类属接口表;]
    [端口子句
    端口接口表;]
    <块说明语句>
    BEGIN
    <并行语句>
    ...
    <并行语句>
    END Block[块名];
```

Block 是一个独立的子结构，可以包含类属子句和端口子句以实现信号的映射及参数的定义，常用 GENERIC 语句、GENERIC_MAP 语句、PORT 语句、PORT_MAP 语句实现。另外还可以对该块用到的客体加以说明，可以说明的项有 USE 子句、子程序说明及子程序体、类型说明及常数说明、信号说明和元件说明。

设计中，一个实体可以有多个结构体，结构体中又包含多个模块，一个块中可以包含多个进程，如此嵌套、循环，构成一个复杂的电子系统。

Block 可以嵌套，但是，只有内层的 Block 可以使用外层 Block 所定义的信号，外层 Block 则不能使用内层 Block 定义的信号。Block 中的 PORT 子句、GENERIC 子句则允许设计者将块内部的信号映射到块外部，甚至直接映射到结构体外(如映射到实体上)，以实现块内外信号变化的传递。

【例 5-18】2 选 1 多路选择器。

```
library ieee;
use ieee.std_logic_1164.all;

entity mux21 is
    port (d0,d1,sel: in std_logic; y: out std_logic);
end mux21;
architecture behav of mux21 is
    begin
    b1: block
        begin
                process ( d0,d1,sel)
                variable  x1, x2, x3: std_logic;
                begin
```

```
                x1 := d0 and (not sel);
                x2 := d1 and sel;
                x3 := x1 or x2;
                y <= x3;
        end process;
    end block b1;
end behav;
```

【例 5-19】半加/减器。

半加/减器逻辑结构如图 5.2 所示。

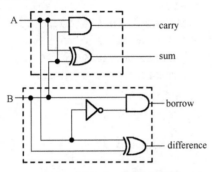

图 5.2　半加/减器逻辑结构图

```
LIBRARY IEEE;
USE IEEE.STD_LOGIC_1164.ALL;
USE IEEE.STD_LOGIC_ARITH.ALL;
USE IEEE.STD_LOGIC_UNSIGNED.ALL;


ENTITY HAS is
    PORT(A,B : IN Std_Logic;
        Carry, Sum, Borrow, Difference : OUT Std_Logic);
END HAS;


ARCHITECTURE behav OF HAS IS
    BEGIN
        Half_Adder : Block              //Half Adder
            Begin
                Sum <= A Xor B;
                Carry <= A and B;
        End Block Half_Adder;
        Half_Subtractor: Block          //Half Subtractor
            Begin
                Difference <= A Xor B;
                Borrow <= Not A and B;
        End Block Half_Subtractor;
END behav;
```

【例 5-20】 计数器。

```
ENTITY counters IS
    PORT
    (
        d        : IN    INTEGER RANGE 0 TO 255;
        clk      : IN    BIT;
        clear    : IN    BIT;
        ld       : IN    BIT;
        enable   : IN    BIT;
        up_down  : IN    BIT;
        qa       : OUT   INTEGER RANGE 0 TO 255;
        qb       : OUT   INTEGER RANGE 0 TO 255;
        qc       : OUT   INTEGER RANGE 0 TO 255;
        qd       : OUT   INTEGER RANGE 0 TO 255
        );
END counters;

ARCHITECTURE  BLOCK_4  OF counters IS
BEGIN
    --An enable counter
    b1: block
        begin
            PROCESS (clk)
                VARIABLE   cnt : INTEGER RANGE 0 TO 255;
                BEGIN
                    IF (clk'EVENT AND clk = '1') THEN
                    IF enable = '1' THEN
                    cnt := cnt + 1;
                    END IF;
                    END IF;
                    qa  <= cnt;
        END PROCESS;
    end block b1;

    --A synchronous load counter
    b2: block
        begin
            ROCESS (clk)
                VARIABLE   cnt  INTEGER RANGE 0 TO 255;
                BEGIN
                        IF (clk'EVENT AND clk = '1') THEN
                        IF ld = '0' THEN
                        cnt := d;
                    ELSE
                        cnt := cnt + 1;
                    END IF;
                    END IF;
```

```
                    qb  <=  cnt;
                END PROCESS;
        end block b2;
        --A synchronous clear counter
        b3: block
            begin
                PROCESS (clk)
                    VARIABLE    cnt : INTEGER RANGE 0 TO 255;
                    BEGIN
                        IF (clk'EVENT AND clk = '1') THEN
                            IF clear = '0' THEN
                                cnt := 0;
                            ELSE
                                cnt := cnt + 1;
                            END IF;
                        END IF;
                        qc  <=  cnt;
                END PROCESS;
        end block b3;

        --An up/down counter
        b4: block
            begin
                PROCESS (clk)
                    VARIABLE    cnt :  INTEGER RANGE 0 TO 255;
                    VARIABLE    direction :  INTEGER;
                    BEGIN
                        IF (up_down = '1') THEN
                            direction := 1;
                        ELSE
                            direction := -1;
                        END IF;
                        IF (clk'EVENT AND clk = '1') THEN
                            cnt := cnt + direction;
                        END IF;
                        qd  <=  cnt;
                    END PROCESS;
            end block b4;
end block_4;
```

【例 5-21】 卫式 BLOCK。

```
entity latch is
  port (d, clk: in bit;
      q, qb: out bit);
end latch;
architecture block_guard of latch is
begin
```

```
    b1: block (clk='1')                              //条件成立，该BLOCK执行
        begin
          q <= guarded d after 5ns;
qb<= guarded not (d) after 10ns;
    end block b1;
end block_guard;
```

2. 子程序调用结构

子程序是主程序调用以后能将结果返回给主程序的模块，子程序可以反复调用。调用时，首先初始化，执行结束后，子程序就会终止；再调用，再初始化。子程序内部的值不能保持，子程序返回，才能被再次调用。

在 VHDL 中，子程序分两类：函数和过程。

（1）函数（function）。

定义格式：

```
function 函数名(参数表) return 数据类型;              //函数首
function 函数名(参数表) return 数据类型 is            //以下函数体
    [ 说明部分 ];
    begin
顺序语句;
end  函数名;
```

【例 5-22】函数说明。

```
entity func is
    port ( a: in bit_vector (0 to 2);  m : out bit_vector (0 to 2));
end func;
architecture demo of func is
    function sam (x, y, z : bit) return bit is        //定义函数 SAM，是函数体
        begin                                         //函数在本结构体中使用，不必函数首
            return (x and y) or z;
    end sam;
begin
    process (a)
        begin
            m(0) <= sam ( a(0), a(1), a(2) );         //调用函数 SAM
            m(1) <= sam ( a(2), a(0), a(1) );
            m(0) <= sam ( a(1), a(2), a(0) );
    end process;
end demo;
```

若库中已有该函数包，则可直接调用：

```
entity func is
    port ( a: in bit_vector (0 to 2);  m : out bit_vector (0 to 2));
end func;
architecture demo of func is
begin
```

```
    process (a)
        begin
            m(0)  <=  sam ( a(0), a(1), a(2) );          //调用函数 SAM
            m(1)  <=  sam ( a(2), a(0), a(1) );
            m(0)  <=  sam ( a(1), a(2), a(0) );
    end process;
end demo;
```

(2)过程(PROCEDURE)。

格式:

```
procedure 过程名(参数 1;参数 2; …)is
    [定义语句];                                         //变量等定义
        begin
            [顺序处理语句];                              //过程语句
    end 过程名;
```

【例 5-23】过程说明。

```
procedure and2 ( x, y : in bit;   O : out bit);        //过程首
procedure and2 ( x, y : in bit;   O : out bit) is      //过程体
    begin
        if x ='1' and y='1'then  O<= '1';
else  O<='0';
        end if;
end and2;
```

过程调用:

```
signal a : bit := '1';
signal b : bit :='0';
signal c : bit;
…
And2 (a, b, c);                    //假定已有该过程的程序包, 过程直接调用(c<= '0')
…
```

作为子程序的两种类型, 函数与过程具有以下异同点:

(1)函数与过程都可用于数值计算、类型转换或有关设计中的描述;

(2)函数和过程中的语句都必须是顺序语句, 并且不能在它们中说明信号(但在过程说明部分中可以说明变量);

(3)过程中可以有 WAIT 语句(综合器一般不支持), 函数中不能;

(4)过程有多个返回值, 函数只有一个返回值。

子程序可以重载。子程序重载是指一个或多个子程序使用相同的名字, 但是多个子程序分别使用不同的参数表(参数类型、变量数或返回值不同)。子程序重载允许(名字相同的)子程序对不同类型的对象(客体)进行操作处理。

同样地, 运算符(其实对应的就是一个函数)也可以重载。运算符重载允许(相同的)运算符对不同类型的对象(客体)进行相同的运算。例如, 加法运算符重载, 尽管被运算的客体可能不同, 但都是加法运算。

重载子程序和重载运算符，使得 VHDL 程序易读、易维护，使设计者避免了重复操作而写多个不同名字的子程序。

3. 并行信号赋值语句

赋值语句在进程中作为顺序执行语句出现，当赋值语句在结构体内、进程之外执行时，作为并行语句执行，这就是并行信号赋值语句(Concurrent Signal Assignment Statements)。

一个并行信号赋值语句等价于一个对应信号赋值的进程语句，并行信号赋值语句是该进程语句的简明形式，它位于进程语句的外部。例如：

```
a<=b+c;
d<=e*f;
```

这两个信号是并行工作的。表达式右边可以是算术表达式，也可以是逻辑表达式，还可以用关系表达式来表示。

并行信号赋值语句的一般格式为：

```
<对象><=<表达式>
```

【例 5-24】减法器 VHDL 描述。

```
library ieee;                              //包含 IEEE 库
use ieee.std_logic_1164.all;               //包含程序包
entity subtractor is port (IN1,IN2:in Integer;
    Outp:out Integer);
End subtractor;                            //实体描述，定义输入输出信号
Architecture simplest of subtractor is begin
    Outp<=IN2.IN1 after 8ns;               //并行信号赋值语句
End simplest;
```

当 IN1 或 IN2 端有事件发生时，该赋值操作将自动执行。这里要注意的是：在所有并行语句中，两个并行赋值语句在字面上的顺序并不表示它们的执行顺序。

VHDL 中有如下几种特殊的信号赋值语句。

(1)条件信号赋值语句(Condition Signal Assignment Statements)。

并行信号赋值语句的一种特殊形式是条件信号赋值语句。在这种语句中，赋予的波形(值)要根据赋值语句所给出的一系列布尔条件来选择。当敏感表中的信号发生变化时，程序对给定条件进行测试，如果给定条件满足，则将与该条件相关联的波形赋予赋值对象。条件信号赋值语句的基本格式为：

```
<赋值对象><=<选择项>
<波形 1>WHEN<条件 1>ELSE
...
<波形 N-1>WHEN<条件 N-1>ELSE
<波形 N>
```

其中的赋值对象就是被赋值的信号。赋值语句的格式写成如下形式：

```
signal_name<=value_a when conditional a else
value_b when conditional b else
```

```
value_c when conditional c else
              ...
           value_ x;
```

其中 signal_name 根据条件的判断来赋值，当第一个条件为 true 时，signal_name 被相应赋值为 value_a；如第一个条件为 false，而第二个条件为 ture 时，那么 signal_name 被相应赋值为 value_b；依此类推。例如，用一组条件信号赋值语句描述一个可用于选通 4 位总线的 4 选 1 多路选择器。

条件信号赋值语句和 if 语句的区别在于：后者只能在进程内部使用（因为它是顺序执行的）；而且，条件信号赋值语句中的 else 是一定要有的，而 if 中就可有可无。条件信号代入语句不能像 if 语句一样嵌套。

(2) 选择信号赋值语句。

选择信号赋值语句 (Selection Signal Assignments Statements) 也是并行信号赋值语句中的一种。它的基本格式为：

```
With <选择表达式> select
<目标信号><=  <波形 1> when <分支 1>,
            <波形 2> when <分支 2>,
              ...
            <波形 N>when<分支 N>;
```

选择信号赋值语句提供选择信号赋值，它也可以被写成如下格式：

```
with selection_signal select
signal_name<=value_a when value_1_of_selection_signal,
value_b when value_2_of_selection_signal,
value_c when value_3_of_selection_signal,
              ...
value_x when last_value_of_selection_signal;
```

signal_name 根据 selection_signal 的当前值而赋值，而且 selection_signal 的所有值必须被列在 when 从句中，并且互相独立。

【例 5-25】使用选择信号赋值语句来描述多路选择器。

```
library ieee;
use ieee.std_logic_1164.all;
entity mux is port(a,b,c,d:in std_logic_vector(3 downto 0);
    s:in std_logic(1 downto 0);
    x:out std_logic_vector (3 downto 0));
end mux;
architecture archmux of mux is begin
    with s select
        x<= a when "00",
            b when "01",
            c when "10",
            d when others;
end archmux;
```

根据信号 S 的值，信号 X 被赋予 a、b、c 或 d 中的 4 个值之一，只个描述使 4 选 1 多路选择器的设计更简短。S 的 3 个值是明确的被规定为（"00"、"01" 和 "10"），保留字 others 用于表示 S 的所有其他的可能值。

【例 5-26】 使用选择信号赋值语句定义一个译码器电路。

```
library ieee;
use ieee.std_logic_1164.all;
entity Decoder is port (enacle:in bit;
    sel:bit_vector (2 downto 0);
    Yout:out bit_vector(7 downto 0));
end Decoder;
architecture Selected of Decoder is
    signal z:bit_vector (7 downto 0)          //定义临时信号
begin
    with selselelct
        z<= "00000001"when"000",
            "00000010"when"001",
            "00000100"when"010",
            "00001000"when"011",
            "00010000"when"100",
            "00100000"when"101",
            "01000000"when"110",
            "10000000"when"111";
    with enable select
        yout<=z when'1',                      //使能有效，yout<=z
            "00000000"when"0";                //使能无效，输出全 "0"
end selected;
```

4. 其他并行语句

1）Port map 语句

端口映射语句将现成元件的端口映射成高层次设计电路中的信号，于是下层元件的信号名通过映射与上层信号联结起来。各模块之间、各元件之间的信号联接关系就是使用这种语句将信号映射而实现的。

Port map 语句的一般格式为：

标号名:元件名 PORT MAP(信号,…);

其中，标号名在层次化设计中是唯一的，它代表着一个特定的子元件；元件名必须是库中已经存在的。

2）Component 语句

Component 语句是通用模块（元件）调用语句，可用于 ARCHITECTURE、PACKAGE、BLOCK 的说明部分，它指定了本结构体中所调用的是哪一个模块（原件）。在本结构体中，无须对所调用的模块、元件进行行为描述。语句中间可以有 GENERIC 语句和 PORT 语句，前者用于该元件参数的代入或赋值，后者用于该元件的输入、输出端口信号的规定。

Component 语句格式如下：

```
COMPONET 元件名              //调用元件指定
    GENERIC 说明;            //被调用元件参数映射
    PORT 说明;               //被调用元件端口映射
END COMPONENT;
```

3）类属（GENERIC）语句

GENERIC 语句用于不同层次设计模块之间信息和参数的传递（如位矢量的长度、数组的位长、器件的延时等）。注意，这些参数都应该是整数类型，其他类型不能综合。

【例 5-27】类属语句的使用。

```
entity and2 is
    generic (rise, fall : time);                //类属
    port (a,b: in bit; c: out bit);
end and2;

architecture behav of and2 is
    signal internal : bit;
    begin
    internal <= a and b;
        c <= internal after (rise) when internal= '1' else
        internal after (fall);                  //类属的应用
    end behav;
```

使用 GENERIC 语句易于使器件模块化、通用化。例如，有些模块其逻辑关系是明确的，但是由于半导体工艺、材料的不同，器件具有不同的延时、不同的上升沿和下降沿。为了简化设计，对该模块进行通用设计，参数根据不同的材料、工艺待定。使用时，通过 GENERIC 语句将参数初始化后，即可实现不同材料、工艺电路模块的仿真和综合。

【例 5-28】使用类属语句重新指定物理参数。

```
entity sample is
    generic (rise, fall: time);
    port ( ina, inb, inc, ind : in bit; q : out bit);
end sample;

architecture cons of sample is
    component and2
        generic (rise, fall : time);
        port (a, b : in bit; c : out bit);
end component;
signal U0_C, U1_C : bit;
begin
    U0: and2 generic map (5ns, 5ns)             //在外部环境改变类属参量的值
        Port map (ina, inb, U0_C);
    U1: and2 generic map (8ns, 10ns)
        Port map (inc, ind, U1_C);
    U2: and2 generic map (9ns, 11ns)
```

```
         Port map (U0_C, U1_C, q);
End cons;
```

图 5.3　例 5-28 描述的对应逻辑结构

例 5-28 描述的对应逻辑结构如图 5.3 所示。

4) GENERATE (生成) 语句

GENERATE 语句的作用：产生多个相同的电路结构和描述规则结构，如块阵列、元件例化或进程。

GENERATE 有两种形式，其中之一是FOR-GENERATE 语句：

```
标号:FOR 变量 IN 不连续区间 GENERATE
    并行语句;
        END GENERATE [标号];
```

FOR-GENERATE 语句用于描述多重模式，但结构中所列举的是并行语句，因此不能出现 EXIT 语句和 NEXT 语句。

GENERATE 的另一种形式是 IF-GENERATE 语句：

```
标号:IF 条件 GENERATE
    并行语句;
        END GENERATE [标号];
```

IF-GENERATE 语句用于描述结构的特殊情况，如边界处发生的特殊情况，它只有在 IF 条件为"真"时，才会执行结构内部的语句。它与 IF 语句不同的是，结构内部并发执行语句，而且不能有 ELSE 语句。

【例 5-29】shift4 的 VHDL 描述。

4 位线性移位寄存器 shift4 逻辑结构如图 5.4 所示。

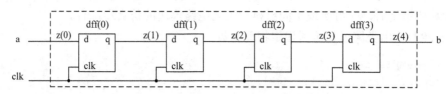

图 5.4　4 位线性移位寄存器 shift4 逻辑结构

解法 1：

```
entity shift4 is
    port (a, clk : in std_logic;
        b: out  std_logic);
end shift4;
architecture cons of shift4 is
    component dff
        port (d, clk :std_logic; q: out  std_logic);
    end component;

signal  z: std_logic_vector (0 to 4);
```

```
begin
    z(0) <= a;
    dff1: dff port map (z(0), clk, z(1));          //元件例化
    dff2: dff port map (z(1), clk, z(2));
    dff3: dff port map(z(2), clk, z(3));
    dff4: dff port map(z(3), clk, z(4));
    b<= z(4);
end cons;
```

解法 2:

```
entity shift is
    port (a, clk : in std_logic;  b: out std_logic);
end shift;
architecture gen of shift is
    component dff
        port (d, clk : in std_logic);  q : out  std_logic);
    end component;

signal z: std_logic_vector (0 to 4);

begin
z(0) <= a;
    g1: for i in 0 to 3 generate
            dffx: dff port map (z(i), clk, z(i+1));
        end generate;
    b <= z(4);
end  gen;
```

在解法 2 中，变量 2 无须定义，在模块中不可见，也不能赋值。也就是说，i 变量是 EDA
工具综合时需要的变量，它是电路结构变量(硬件结构参数)，而不是信号变量和硬件行为，i
的取值范围变化时，移位寄存器的长度也在变化。

5) 断言语句(ASSERT)

断言语句用于仿真调试中的人机对话。

格式:

```
assert      条件表达式
report      "条件不满足时输出的相关信息"
severity    错误等级;                        //(note,warning,error,failure)
```

【例 5-30】断言语句的使用。

```
entity RSFF is
    port ( s,r :in bit; q,qb: out bit);
end RSFF;


architecture behav of RSFF is
    begin
        process
```

```
            begin
assert  not (s='1' and r='1')
                report "both S and R equal to '1'"
                severity error;               //设为或非门构成的 RSFF
if  s='0' and r='0'  then
                    next_state := present_state;
                else
…;
```

在 1164 版中，可单独使用 REPORT 语句。例如：

```
IF count >50  then  REPORT  "the count is over 50";
End if;
```

5.3.3　顺序语句

1.　IF 语句

IF 语句有以下 3 种形式：

```
If  <条件>  then
     <语句>
end if;

If  <条件>  then
     <语句>
else
     <语句>
end if;

If  <条件>  then
     <语句>
elsif<条件>  then
     <语句>
else
     <语句>
end if;
```

以上 IF 语句的三种形式中的任一种，如果规定的条件判断为 Ture，关键词 then 后面的顺序语句则执行，如果条件判断为 False，则 else 后面的顺序语句则执行。例如：

```
IF (A='1') THEN
      C<=B;
   END IF;                       //条件涵盖不完整，引入一个锁存器
```

【例 5-31】IF 语句的使用。

```
ARCHITECTURE RTL OF MUX1 IS
BEGIN
      PROCESS (A,B,SEL)
```

```
            BEGIN
                IF (SEL='1')THEN
                    C <= A;
                ELSE
                    C<= B;
                END IF ;
            END PROCESS;
END RTL;        //引入一个 2-1 多路选择器，顺序语句并非一定引入寄存器
```

2. CASE 语句

CASE 语句是 VHDL 提供的另一种形式的条件控制语句，它根据所给表达式的值选择执行语句。

CASE 语句与 IF 语句的相同之处：它们都根据某个条件在多个语句集中进行选择。

CASE 语句与 IF 语句的不同之处：CASE 语句根据某个表达式的值来选择执行体，且 IF 语句是有优先权的顺序语句，CASE 是并行语句。另外，CASE 语句中的条件必须穷举，不能重复，不能穷举的条件用 OTHERS 表示；而 IF 语句则不一定要穷举。

CASE 语句的一般形式为：

```
CASE  <表达式>  IS
      WHEN<值>=><语句>
      WHEN<值>=><语句>
      WHEN<离散范围>=><语句>
      WHEN others=><语句>
END CASE;
```

根据以上 CASE 语句的形式可知，如果表达式的值落在某支所给出的离散范围内，那么该支所选择的语句就要被执行。在 CASE 语句中的选择必须是唯一的，即计算表达式所得的值必须且只能是 CASE 语句中的一支。

【例 5-32】CASE 语句的使用。

```
library ieee;
use ieee.std_logic_1164;
entity mux4 is
    port (a,b,d0,d1,d2,d3: in std_logic; y: out std_logic);
end mux4;
architecture behav of mux4 is
    signal sel: integer range 0 to 3;
begin
    process (a,b,d0,d1,d2,d3)
        begin
sel<= '0';
            if (a='1')  thensel<= sel + 1;  end if;
            if (b='1')  thensel<= sel + 2;  end if;
            case sel is
                when 0 => y<=d0;
                when 1 => y<=d1;
```

```
            when 2 => y<=d2;
            when 3 => y<=d3;
        end case;
    end process;
end behav;
```

CASE 语句中分支的个数没有限制，各分支的次序也可以任意排列，但关键字 others 的分支例外，一个 CASE 语句最多只能有一个 others 分支，而且该分支必须放在 CASE 语句的最后一个分支的位置上。例如：

```
case opcode is
    when "001" =>tmp := rega and regb;
    when "101" =>tmp := rega or regb;
    when "110" =>tmp := not rega;
    when others => null;              //空语句，不做任何操作，跳到下一语句
end case;
```

3. 循环语句

循环语句(Loop Statements，又称 LOOP 语句)用于实现重复的操作，由 For 循环或 While 循环组成。For 语句根据控制值的数目重复执行，而 While 语句将连续执行操作，直到控制逻辑条件判断为 False。

下面给出循环语句的一般形式。

For 循环语句的一般形式：

```
<循环标号>:for<循环变量> in <范围> loop
<语句>
            end loop<循环标号>;
```

While 循环语句的一般形式：

```
<循环标号>:While<条件>loop
<语句>
            end loop<循环标号>;
```

【例 5-33】异步复位 8 位 FIFO 寄存器的 For 循环语句描述。

```
L1:for I in 7 downto 0 loop
        Fifo(i)<='0';
    End loop L1;
```

此描述通过 8 次循环，对组成 FIFO 寄存器的 8 个 std_logic_vector 矢量元素分别置'0'。

【例 5-34】异步复位 FIFO 寄存器的 while 循环语句描述。

```
reg_array:process (rst,clk)
variable I:interger:=0;               //初始化 i=0
    begin
        if rst = '1' then             //复位信号有效
            i:=0;
        L1:while i<7 loop
```

```
            fifo(i)<='0';
            i:=i+1;
         end loop L1;
```

while 循环语句在这里可用于替代 For 循环语句，但需要有附加的说明、初始化和递增循环变量的操作。在循环语句中，还有一种条件性的迭代循环语句，它的一般形式为：

```
next [循环标号] when [条件];
```

在这里，循环标号与条件都是可选项，执行了 next 语句之后，控制就转到有循环标号标识的循环体(如果未给出循环标号，就转到当前循环的尾部)，并且开始新的一次循环。

For 循环通过循环变量的递增(减)来控制循环，而 while 循环则通过不断地测试所给的条件，从而达到控制循环的目的。如果 next 语句有判断条件，那么，对条件进行测试并且测试结果为真时，就退出当前一轮循环，同时进入下一轮迭代；若测试结果为假，则不执行 next 语句。

【例 5-35】假设当 rst 有效，除 fifo(4)之外的所有 fifo 寄存器都复位。

```
reg_array:process (rst,clk)
    begin
        if rst='1' then
            for i in 7 downto 0 loop
                next when i=4;
                fifo (i)<='0';
            end loop;
    ...
```

通过这个例子，可以看出该语句(next)用于 loop 语句内部，它有条件地终止当前循环迭代，开始下一次循环。同样也可以用 while 循环语句写为：

```
reg_array:process(rst,clk)
        variable i:=integer;
    begin
        i:=0;
        if rst='1'then
            while i<8 loop
                next when i=4;
                fifo(i)<='0';
                i:=i+1;
            end loop;
    ...
```

【例 5-36】用条件性迭代循环语句对矩阵进行赋值。

```
L1:for I in 10 downto 1 loop
    L2:for j in 0 to I loop
        Next L1 when I=j;
        Matrix(I,j):=I*j+1;
    End loop L2;
End loop L1;
```

在此例中，当 I 不等于 j 时，这种行为将继续下去，不执行 next 语句；当 I 等于 j 时，将执行 next 语句，转向循环标号 L1，重新开始迭代。

4．Exit 语句

Exit 语句即退出循环语句(Exiting Loop Statements)用于退出循环，并用在循环语句内部，其一般形式为：

```
exit<循环标号>;
```

或

```
exit<循环标号> when<条件>;
```

前者使得从循环标号所标明的循环中退出；后者完成与此相同的动作，但是必须要在所给条件为 Ture 的前提下。两种形式中的循环标号都是可选项。如果语句中未给出循环标号，则从当前循环中退出。

【例 5-37】假如 FIFO 是在电路设计中例化的元件，现在假设 FIFO 的深度(deep)由类属(Generic)或参数(Parameter)确定，而且当 FIFO 的深度大于预定值时就要退出循环。

```
Reg_array:process (rst,clk)
    Begin
        If rst='1' then
            Loop1:for i in deep downto 0 loop        //类属中定义的 FIFO 深度
                If i>20 then exit loop1;
                    Else fifo (i)<='0';
                End if
            End loop1;
```

5.4 属性的描述与定义

属性是信号、数值、函数等的特征。

5.4.1 数值类属性

(1)一般数据的数值属性(LEFT、RIGHT、HIGH、LOW)。
例如：

```
…;
TYPE number IS 0 TO 9;
…;
        I := number'LEFT;        //返回数据类型或数据子类型的左边界值，I=0
        I := number'RIGHT;       //返回数据类型或数据子类型的右边界值，I=9
        I := number'HIGH;        //返回数据类型或数据子类型的上限值，I=9
        I := number'LOW;         //返回数据类型或数据子类型的下限值，I=0
```

(2)数组的数值属性(LENGTH)。
格式：

```
对象'length;        //获得标量类型数组或带标量类型的多位数组范围的总长度
```

【例 5-38】数组的数值属性。

```
process (a)
    type a4 is array (0 to3);
    type a20 is array (10 to 20);
    variable L1, L2: integer;
    begin
        L1 := A4'LENGTH;              //L1=4
        L2 := A20'LENGTH;            //L2=11
End process;
```

(3)块的数值属性(BEHAVIOR、STRUCTURE)。

块的数值属性用于测试块或结构体中的描述特性。

格式:

```
块或结构体名'BEHAVIOR;        //返回值是"TRUE"OR "FALSE"
块或结构体名'STRUCTURE;       //返回值是"TRUE"OR "FALSE"
```

【例 5-39】块的数值属性。

```
library ieee;
use ieee.std_logic.1164.all;
entity shifter is
    port (clk, left: in std_logic;
right :outstd_logic);
end shifter;
architecture struct of shifter is
    component dff
        port (d, clk: in std_logic;  q: out std_logic);
    end component;
signal i1, i2, i3: std_logic;
begin
u1: dff port map (left, clk, i1);
u2: dff port map (i1, clk, i2);
u3: dff port map (i2, clk, i3);
u4: dff port map (i3, clk, right);
end struct;
...
struct' behavior            //返回值"false"
struct' structure           //返回值"true"
```

5.4.2　函数类属性

函数类属性是以函数形式表达的一种属性。

(1)数据类型的函数属性(求数据类型的相关信息)。

```
数据类型名'POS(x)           //得到输入 x 值的位置序号
数据类型名'VAL(x)           //得到输入序号 x 的对应值
数据类型名'SUCC(x)          //得到输入值 x 的下一个的值
数据类型名'PRED(x)          //得到输入值(x)的前一个值
```

```
数据类型名'LEFTOF(X)               //得到输入值 X 的左边值
数据类型名'RIGHTOF(X);             //得到输入值 X 的右边值
```

【例 5-40】 数据类型的函数属性。

```
...
    type time is (sec, min, hour, day, month, year);
    type reverse_time is time range year downto sec;
time'succ(hour);                   //day
time'pred(hour);                   //min
time'leftof(hour);                 //min
time'rightof(hour);                //day
reverse_time'pos(hour);            //3
time'val(3)                        //day
```

(2) 数组的函数属性(求多维数组指定区间号 N 的边界值)。

设 N 为 n 维数组中指定的一个区间序号,默认值为 1,则有:

```
数组名'RIGHT(N);                   //获得 N 号索引区间的右端边界值
数组名'LEFT(N)                     //获得 N 号索引区间的左端边界值
数组名'HIGH(N)                     //获得 N 号索引区间高端的上限值
数组名'LOW(N)                      //获得 N 号索引区间低端的下限值
```

【例 5-41】 数组的函数属性。

```
type ram_data is array (0 to 255, 100 to 200) of integer;  //二维数组
ram_data'low;                      //得到默认值区间号 1 所对应的下边界值 0
ram_data'high;                     //得到值 255
ram_data'right(2);                 //得到值 200
...
```

(3) 信号的函数属性。

```
signal'event;                      //在当前 Δ 时间内有事件发生为 true,否则为 false
signal'active;                     //在当前 Δ 时间内有事件发生而且已处理为 true,否则为 false
signal'last_event;                 //得到信号最后一次变化至现在时刻所经历的时间
signal'last_value;                 //得到信号最后一次变化前的值
signal'last_active;                //得到信号最后一次事件处理至当前时刻所经历的时间
```

信号的函数属性结合使用,可以实现时钟边沿的描述。

在上升沿发生以前,时钟信号初始值为 0,故其属性值为 clk'LAST_VALUE='0';上升沿的到来表示发生了一个事件,故用 clk'EVENT 表示;上升沿以后,时钟信号的值为'1',故其当前值为 clk='1'。这样,表示上升沿到来的条件为:

```
IF clk='1' AND clk'LAST_VALUE='0' AND clk'EVENT
```

有的 EDA 工具中将这种边沿条件简化为:

```
IF clk='1' AND clk'EVENT
```

【例 5-42】 时钟边沿的描述。

```
IF  CLK'EVENT AND CLK='1' THEN ···
```

```
IF ( NOT CLK'STABLE) AND CLK='1' THEN …
IF CLK='1' AND CLK'EVENT AND CLK'LAST_VALUE='0' THEN …;
```

【例 5-43】检查 DFF 的建立时间 ts。

如图 5.5 所示，t_s 为建立时间，t_h 为保持时间。

图 5.5　建立时间与保持时间

```
entity dff is
    generic (setup_time, hold_time: time);
        port (clk, d: in bit; q: out bit);
end dff;
architecture behav of dff is
    begin
    p1: process (clk)                    //P1 是无源进程，可放在 ENTITY 中，
                                         //以便 ENTITY 对应的各结构体共享

        begin
            if clk='1' and clk'event then
                assert (d'last_event>= setup_time)
                report "setup time violation"
                severity error;
            end if;
    end process p1;
    p2: process(clk)
…;
    end process p2;
end behav;
```

5.4.3　带属性函数的信号

带属性函数的信号是一类由属性函数指定的特别信号。这个特别信号是以所加的属性函数为基础和规则而形成的，它包含了属性函数所增加的有关信息。

```
signal'delayed [(time)];    //得到参考信号(SIGNAL)延迟 time 时间的信号
```

【例 5-44】signal'delayed 的使用。

```
entity and2 is
    generic (apd, bpd, cpd : time);
    port (a,b: in bit; c: out bit);
end and2;
architecture behav of and2 is
begin
    c <= a'delayed (apd) AND b'delayed(bpd) after cpd;
end behav;
```

例 5-44 描述的信号模型如图 5.6 所示。

```
signal'stable [(time)];
```

当信号(SIGNAL)在时间表达式指定的时间间隔内无事件发生时，返回一个 TRUE 的布尔信号。该属性函数所对应的输出信号由输入信号的边缘触发。

【例 5-45】signal'stable 的使用。

```
entity stable-exam is
    port (a in bit; b: out bit);
end stable_exam;
architecture behav of stable_exam is
    begin
        b <= a'stable(10ns);                //若 A 不稳定(有变化)，则输出一个"假"
end behav;
```

例 5-45 描述的信号模型如图 5.7 所示。

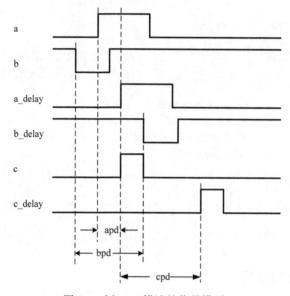

图 5.6　例 5-44 描述的信号模型

图 5.7　例 5-45 描述的信号模型

```
signal'quiet [(time)]
```

每当信号(SIGNAL)在时间表达式指定的时间间隔内无事件处理，返回一个 TRUE 的布尔信号。该属性函数所对应的输出信号由输入信号的电平触发。

```
signal'transaction
```

建立数据类型为 BIT 的信号，每当信号有事件发生即触发该 BIT 信号，可用于启动一个进程(但不能用于子程序中的进程)。

【例 5-46】signal'transaction 的使用。

```
    ...
    process
        begin
            wait on a'transaction;
...
    End process;
```

5.5　决断函数与信号延迟

当某一个进程给给定信号赋值时，可能立即生效，也可能经过一段指定的时间才让该信号生效，称用于保存每个事项的值和时间的时间-数值对为信号驱动源。例如：

```
A<=B AFTER 20ns;
```

一个信号可能有一个驱动源，也可能有多个驱动源。但是，一个进程只能为某个信号建立起一个驱动源，而不管赋值多少次。当某个信号有多个驱动源时，要由决断函数决定判定采用哪一个驱动源。

5.5.1　决断信号与决断函数

决断信号：可允许多个驱动源驱动的信号。

决断函数：使信号成为决断信号的函数。

【例 5-47】线与(决断函数)。

```
    package res_pack is
        function res_func( data : in bit_vector) return bit;
    end res_pack;

package body res_pack is
    function res_func ( data : in bit_vector) return bit is      //决断函数
        begin
            for i in data'range loop
                if data (i) = '0' then
                    return '0';
                end if;
            end loop;
        return '1';
    end res_func;
end res_pack;
```

```
use work .res_pack..all;
entity example is
    port (x, y: in bit; z:out resolved_bit);        //z 是决断信号
end example;
architecture behav of example is
    begin
        z <= x;
        z<= y;                                       //多驱动源
end behav;
```

通常决断函数只在 VHDL 仿真时使用，但许多综合器支持预定义的几种决断信号。处理多驱动源的另一个办法是使用多路选择器 MUX。

5.5.2　信号延迟

1. 元件延迟模型

共有 5 种元件延迟模型。
零延迟模型：理想元件。
单位延迟模型：所有元件延迟时间相同，单位为 1 个时间单位。
标准延迟模型：对每种元件设定一个标准延迟时间，不考虑元件的离散性。
上升下降延迟模型：分别考虑上升、下降延迟时间。
模糊延迟模型：给出元件的最大、最小延迟时间。

2. 惯性延迟与传输延迟特性

惯性(Inertial)延迟：输入脉冲信号能在输出得到响应所需的最小脉冲宽度。
传输(Transport)延迟：信号通过元件和连线传输过程中所引起的延迟。
延迟模型关键字为 INERTIAL 或 TRANSPORT，若无关键字，则默认为惯性延迟。
惯性延迟模型中可用保留字 REJECT 指定脉冲宽度，小于或等于限定宽度的脉冲将被忽略，这样，它滤掉了过快的输入变化，于是毛刺、干扰将被去除。如果没有 REJECT 子句指定，则默认的脉冲宽度为波形中第一个保留字 AFTER 定义的时间值。
若一个赋值语句中没有 REJECT 脉冲宽度约定，又没有 AFTER 字句说明延时长度，则默认延时时间为 0，其作用发生在无穷小延迟之后，称为 δ 延迟。
惯性模型举例：

```
Q1<= a after 5 ns;                      //元件延迟=5ns；是惯性延迟，a 变化的脉冲宽度
                                        //大于等于 5ns 才能使 Q1 值改变，且输入、输出
                                        //延迟 5ns
Q2<= a transport after 5ns;             //不管 a 变化的脉冲宽度多少，都能在输出得到响应，
                                        //且输入、输出延迟 5ns
Q3<=reject 4 ns inertial a after 10 ns; //惯性延迟 4ns，小于 4ns 的脉冲不能在
                                        //Q 端得到响应，大于等于 4ns 的脉冲经
                                        //过 10ns 延迟后在输出得到响应
```

注意：延迟时间对综合工具无效，仅用于仿真。

第 6 章　Verilog HDL 基本语法

　　Verilog HDL 是硬件描述语言的一种，用于数字电子系统设计。它允许设计者用它来进行各种级别的逻辑设计，可以用它进行数字逻辑与数字系统的仿真验证、时序分析、逻辑综合。它是目前应用最广泛的一种硬件描述语言之一。

　　Verilog HDL 是在 1983 年，由 GDA（GateWay Design Automation）公司的 Moorby 首创的。Moorby 后来成为 Verilog-XL 的主要设计者和 Cadence 公司（Cadence Design System）的第一个合伙人。在 1984～1985 年，Moorby 设计出了第一个关于 Verilog-XL 的仿真器，1986 年，他对 Verilog HDL 的发展又做出了另一个巨大贡献：提出了用于快速门级仿真的 XL 算法。随着 Verilog-XL 算法的成功，Verilog HDL 语言得到迅速发展。1989 年，Cadence 公司收购了 GDA 公司，Verilog HDL 语言成为 Cadence 公司的私有财产。1990 年，Cadence 公司决定公开 Verilog HDL 语言，于是成立了 OVI（Open Verilog International）组织来负责 Verilog HDL 语言的发展。基于 Verilog HDL 的优越性，IEEE 于 1995 年制定了 Verilog HDL 的 IEEE 标准，即 Verilog HDL 1364-1995。

　　Verilog HDL 和 VHDL 都是用于逻辑设计的硬件描述语言，并且都已成为 IEEE 标准，作为描述硬件电路设计的语言，其共同的特点在于：能形式化地抽象表示电路的结构和行为、支持逻辑设计中层次与领域的描述、可借用高级语言的精巧结构来简化电路的描述、具有电路仿真与验证机制以保证设计的正确性、支持电路描述由高层到低层的综合转换、硬件描述与实现工艺无关（有关工艺参数可通过语言提供的属性包括进去）、便于文档管理、易于理解和设计重用。

　　但是 Verilog HDL 和 VHDL 又各有其自己的特点。由于 Verilog HDL 早在 1983 年就已推出，至今已有 30 年的应用历史，因而 Verilog HDL 拥有更广泛的设计群体，成熟的资源也远比 VHDL 丰富。与 VHDL 相比，Verilog HDL 的最大优点是：它是一种非常容易掌握的硬件描述语言，只要有 C 语言的编程基础，通过 20 学时的学习，再加上一段实际操作，一般同学可在二至三个月内掌握这种设计技术。而掌握 VHDL 设计技术就比较困难。这是因为 VHDL 不很直观，需要有 Ada 编程基础，一般认为至少需要半年以上的专业培训，才能掌握 VHDL 的基本设计技术。目前版本的 Verilog HDL 和 VHDL 在行为级抽象建模的覆盖范围方面也有所不同。一般认为 Verilog HDL 在系统级抽象方面比 VHDL 略差一些，而在门级开关电路描述方面比 VHDL 强得多。

6.1　简单的 Verilog HDL 模块

6.1.1　简单的 Verilog HDL 程序介绍

　　下面先介绍几个简单的 Verilog HDL 程序，然后从中分析 Verilog HDL 程序的特性。

【例 6-1】 三位加法器。

```
module  adder ( cout,sum,a,b,cin );
    input [2:0] a,b;
    input   cin;
    output  cout;
    output [2:0] sum;
        assign {cout,sum} = a + b + cin;
endmodule
```

这个例子通过连续赋值语句描述了一个名为 adder 的三位加法器可以根据两个三比特数 a、b 和进位（cin）计算出和（sum）和进位（cout）。从例子中可以看出整个 Verilog HDL 程序是嵌套在 module 和 endmodule 声明语句里的。

【例 6-2】 比较器。

```
module compare ( equal,a,b );
    output  equal;              //声明输出信号 equal
    input [1:0] a,b;            //声明输入信号 a、b
        assign  equal=(a==b)? 1:0;
                                /*如果 a、b 两个输入信号相等，则输出为"1"；否则为"0"*/
endmodule
```

这个程序通过连续赋值语句描述了一个名为 compare 的比较器。对两比特数 a、b 进行比较，若 a 与 b 相等，则输出 equal 为高电平，否则为低电平。在这个程序中，/*…*/和//…表示注释部分，注释只是为了方便程序员理解程序，对编译是不起作用的。

【例 6-3】 三态门 1。

```
module  trist2(out,in,enable);
    output  out;
    input   in, enable;
        bufif1 mybuf(out,in,enable);
endmodule
```

这个程序描述了一个名为 trist2 的三态门。程序通过调用一个在 Verilog 语言库中现存的三态驱动器实例元件 bufif1 来实现其功能。

【例 6-4】 三态门 2。

```
module trist1(out,in,enable);
        output  out;
        input in, enable;
    mytritri_inst(out,in,enable);          //调用由 mytri 模块定义的实例元件 tri_inst
endmodule

module  mytri(out,in,enable);
    output  out;
    input in, enable;
    assign  out = enable? in : 'bz;
endmodule
```

这个程序例子通过另一种方法描述了一个三态门。在这个例子中存在着两个模块。模块 trist1 调用由模块 mytri 定义的实例元件 tri_inst。模块 trist1 是顶层模块。模块 mytri 则称为子模块。

通过上面的例子可以看出：

Verilog HDL 程序是由模块构成的。每个模块的内容都嵌在 module 和 endmodule 两个语句之间。每个模块实现特定的功能。模块是可以进行层次嵌套的。正因为如此，才可以将大型的数字电路设计分割成不同的小模块来实现特定的功能，最后通过顶层模块调用子模块来实现整体功能。

每个模块要进行端口定义，并说明输入输出口，然后对模块的功能进行行为逻辑描述。

Verilog HDL 程序的书写格式自由，一行可以写几个语句，一个语句也可以分写多行。

除了 endmodule 语句外，每个语句和数据定义的最后必须有分号。

可以用/*…*/和//…对 Verilog HDL 程序的任何部分做注释。一个好的、有使用价值的源程序都应当加上必要的注释，以增强程序的可读性和可维护性。

6.1.2　模块的结构

Verilog 的基本设计单元是模块（Block）。一个模块是由两部分组成的，一部分描述接口，另一部分描述逻辑功能，即定义输入是如何影响输出的。图 6.1 形象地表示了 Verilog 程序模块与相应电路图符号的关系。

图 6.1 中，程序模块旁边有一个电路图的符号。在许多方面，程序模块和电路图符号是一致的，这是因为电路图符号的引脚也就是程序模块的接口。而程序模块描述了电路图符号所实现的逻辑功能。

图 6.1 的 Verilog 设计中，模块中的第二、第三行说明了接口的信号流向，第四、第五行说明了模块的逻辑功能。

以上就是设计一个简单的 Verilog 程序模块所需的全部内容。

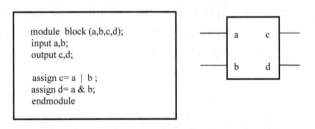

图 6.1　Verilog 程序模块与相应电路图符号的关系

从上面的例子可以看出，Verilog 结构完全嵌在 module 和 endmodule 声明语句之间，每个 Verilog 程序包括四个主要部分：端口定义、I/O 说明、内部信号声明、功能定义。

6.1.3　模块的端口定义

模块的端口声明了模块的输入输出口。其格式如下：

```
Module  模块名(口1,口2,口3,口4, …);
```

6.1.4　模块内容

模块的内容包括 I/O 说明、内部信号声明、功能定义。

I/O 说明的格式如下：

```
输入口：  input 端口名1,端口名2,…,端口名i;        //(共有 i 个输入端口)
输出口：  output 端口名1,端口名2,…,端口名j;       //(共有 j 个输出端口)
```

I/O 说明也可以写在端口声明语句里。其格式如下：

```
module  module_name(input port1,input port2,…
output port1,output port2…);
```

内部信号说明：在模块内用到的和与端口有关的 wire 和 reg 变量的声明。例如：

```
    reg [width-1 : 0] R变量1,R变量2 …;
    wire [width-1 : 0] W变量1,W变量2 …;
…
```

功能定义：模块中最重要的部分是逻辑功能定义部分。有三种方法可在模块中产生逻辑。

(1)用 assign 声明语句。

例如：

```
assign a = b & c;
```

这种方法的句法很简单，只需写一个 assign，后面再加一个方程式即可。例子中的方程式描述了一个有两个输入的与门。

(2)用实例元件。

例如：

```
and  and_inst( q, a, b );
```

采用实例元件的方法跟在电路图输入方式下调入库元件一样，输入元件的名字和相连的引脚即可，表示在设计中用到一个跟与门(and)一样的名为 and_inst 的与门，其输入端为 a、b，输出端为 q。要求每个实例元件的名字必须是唯一的，以避免与其他调用与门(and)的实例混淆。

(3)用 always 块。

例如：

```
always @(posedge clk or posedgeclr)
    begin
        if(clr)  q<= 0;
        else  if(en) q <= d;
    end
```

采用 assign 语句是描述组合逻辑最常用的方法之一。而 always 块既可用于描述组合逻辑也可描述时序逻辑。上面的例子用 always 块生成了一个带有异步清除端的 D 触发器。always 块可用很多种描述手段来表达逻辑，例如，上例中就用了 if…else 语句来表达逻辑关系。若按一定的风格来编写 always 块，则可以通过综合工具把源代码自动综合成用门级结构表示的组合或时序逻辑电路。

注意:

如果用 Verilog 模块实现一定的功能,首先应该清楚哪些是同时发生的,哪些是顺序发生的。上面三个例子分别采用了 assign 语句、实例元件和 always 块。这三个例子描述的逻辑功能是同时执行的。也就是说,如果把这三项写到一个 VeriIog 模块文件中,它们的次序不会影响逻辑实现的功能。这三项是同时执行的,也就是并行的。

然而,在 always 模块内,逻辑是按照指定的顺序执行的。always 块中的语句称为顺序语句,因为它们是顺序执行的。请注意,两个或更多的 always 模块也是同时执行的,但是模块内部的语句是顺序执行的。always 内的语句,就会明白它是如何实现功能的。If…else…if 必须顺序执行,否则其功能就没有任何意义。如果 else 语句在 if 语句之前执行,功能就会不符合要求。为了能实现上述描述的功能,always 模块内部的语句将按照书写的顺序执行。

6.2　数据类型及其常量、变量

Verilog HDL 中总共有 19 种数据类型,数据类型是用来表示数字电路硬件中的数据存储和传送元素的。这里先介绍四个最基本的数据类型,它们是:reg 型、wire 型、integer 型、parameter 型。其他数据类型在后面的章节里逐步介绍,包括:large 型、medium 型、scalared 型、time 型、small 型、tri 型、trio 型、tri1 型、triand 型、trior 型、trireg 型、vectored 型、wand 型、wor 型。这些数据类型除 time 型外都与基本逻辑单元建库有关,与系统设计没有很大的关系。在一般电路设计自动化的环境下,仿真用的基本部件库是由半导体厂家和 EDA 工具厂家共同提供的。系统设计工程师不必过多地关心门级和开关级的 Verilog HDL 语法现象。

Verilog HDL 语言中也有常量和变量之分。它们分别属于以上这些类型。下面就最常用的几种进行介绍。

6.2.1　常量

在程序运行过程中,其值不能被改变的量称为常量。下面首先对在 Verilog HDL 语言中使用的数字及其表示方式进行介绍。

1. 数字

1)整数
在 Verilog HDL 中,整型常量即整常数有以下四种进制表示形式:
(1)二进制整数(b 或 B)。
(2)十进制整数(d 或 D)。
(3)十六进制整数(h 或 H)。
(4)八进制整数(o 或 O)。
数字表示方式有以下三种:
(1)<位宽><进制><数字>,这是一种全面的描述方式。
(2)<进制><数字>,在这种描述方式中,数字的位宽采用缺省位宽(这由具体的机器系统决定,但至少 32 位)。
(3)<数字>,在这种描述方式中,采用缺省进制十进制。

在表达式中，位宽指明了数字的精确位数。例如，一个 4 位二进制数的数字的位宽为 4，一个 4 位十六进制数的数字的位宽为 16（因为每单个十六进制数就要用 4 位二进制数来表示）。例如：

```
8'b10101100      //位宽为 8 的数的二进制表示，'b 表示二进制
8'ha2            //位宽为 8 的数的十六进制，'h 表示十六进制
```

2）x 和 z 值

在数字电路中，x 代表不定值，z 代表高阻值。一个 x 可以用来定义十六进制数的 4 位二进制数的状态，八进制数的 3 位，二进制数的 1 位。z 的表示方式同 x 类似。z 还有一种表达方式是可以写作"？"。在使用 case 表达式时建议使用这种写法，以提高程序的可读性。例如：

```
4'b10x0      //位宽为 4 的二进制数从低位数起第二位为不定值
4'b101z      //位宽为 4 的二进制数从低位数起第一位为高阻值
12'dz        /位宽为 12 的十进制数其值为高阻值(第一种表达方式)
12'd?        //位宽为 12 的十进制数其值为高阻值(第二种表达方式)
8'h4x        //位宽为 8 的十六进制数其低 4 位值为不定值
```

3）负数

一个数字可以被定义为负数，只需在位宽表达式前加一个减号，减号必须写在数字定义表达式的最前面。注意减号不可以放在位宽和进制之间，也不可以放在进制和具体的数之间。例如：

```
-8'd5    //这个表达式代表 5 的补数(用八位二进制数表示)
8'd-5    //非法格式
```

4）下划线

下划线（Underscore）"_"可以用来分隔开数的表达以提高程序可读性，但不可以用在位宽和进制处，只能用在具体的数字之间。例如：

```
16'b1010_1011_1111_1010        //合法格式
8'b_0011_1010                  //非法格式
```

当常量不说明位数时，默认值是 32 位，每个字母用 8 位的 ASCII 值表示。例如：

```
10=32'd10=32'b1010
1=32'd1=32'b1
-1=-32'd1=32'hFFFFFFFF
'BX=32'BX=32'BXXXXXXX…X
"AB"=16'B01000001_01000010
```

2. 参数（Parameter）型

在 Verilog HDL 中用 parameter 来定义常量，即用 parameter 定义一个标识符来代表一个常量，称为符号常量，即标识符形式的常量。采用标识符代表一个常量可提高程序的可读性和可维护性。parameter 型数据是一种常数型的数据，其说明格式如下：

```
parameter    参数名 1=表达式, 参数名 2=表达式, …, 参数名 n=表达式;
```

parameter 是参数型数据的确认符，确认符后跟着一个用逗号分隔开的赋值语句表。在每

一个赋值语句的右边必须是一个常数表达式。也就是说，该表达式只能包含数字或先前已定义过的参数。例如：

```
parameter  msb=7;                              //定义参数 msb 为常量 7
parameter  e=25, f=29;                         //定义两个常数参数
parameter  r=5.7;                              //声明 r 为一个实型参数
parameter  byte_size=8, byte_msb=byte_size-1;  //用常数表达式赋值
parameter  average_delay = (r+f)/2;            //用常数表达式赋值
```

参数型常数经常用于定义延迟时间和变量宽度。在模块或实例引用时可通过参数传递改变在被引用模块或实例中已定义的参数。下面将通过两个例子进一步说明在层次调用的电路中改变参数常用的一些用法。

【例 6-5】通过参数传递改变在被引用模块或实例中已定义的参数。

```
module Decode(A,F);
parameter  Width=1, Polarity=1;
...
endmodule
module  Top;
    wire[3:0]  A4;
    wire[4:0]  A5;
    wire[15:0]  F16;
    wire[31:0]  F32;
    Decode  #(4,0)   D1(A4,F16);
    Decode  #(5)     D2(A5,F32);
endmodule
```

例 6-5 中，在引用 Decode 实例时，D1、D2 的 Width 将采用不同的值 4 和 5，且 D1 的 Polarity 将为 0。可用例子中所用的方法来改变参数，即用#(4,0)向 D1 中传递 Width=4，Polarity=0；用#(5)向 D2 中传递 Width=5，Polarity 仍为 1。

【例 6-6】使用 defparam 命令在多层次模块电路的一个模块中改变另一个模块的参数。

```
module Test;
    wire W;
    Top T ( );
endmodule

module Top;
    wire W;
    Block B1 ( );
    Block B2 ( );
endmodule

module Block;
    Parameter P = 0;
endmodule
```

```
module Annotate;
    defparam
        Test.T.B1.P = 2,
        Test.T.B2.P = 3;
endmodule
```

6.2.2　变量

变量即在程序运行过程中其值可以改变的量，在 Verilog HDL 中变量的数据类型有很多种，这里只对常用的几种进行介绍。

网络类型表示结构实体(如门)之间的物理连接。网络类型的变量不能存储值，而且它必须受到驱动器(如门或连续赋值语句，assign)的驱动。如果没有驱动器连接到网络类型的变量上，则该变量就是高阻的，即其值为 z。常用的网络数据类型包括 wire 型和 tri 型。这两种变量都用于连接器件单元，它们具有相同的语法格式和功能。之所以提供这两种名字来表达相同的概念为了与模型中所使用的变量的实际情况相一致。wire 型变量通常用来表示单个门驱动或连续赋值语句驱动的网络型数据，tri 型变量则用来表示多驱动器驱动的网络型数据。如果 wire 型或 tri 型变量没有定义逻辑强度(Logic Strength)，在多驱动源的情况下，逻辑值会发生冲突从而产生不确定值。表 6.1 为 wire 型和 tri 型变量的真值表(注意：这里假设两个驱动源的强度是一致的，关于逻辑强度建模请参阅 Verilog 语言参考手册)。

表 6.1　wire 型和 tri 型变量真值表

wire/tri	0	1	x	z
0	0	x	x	0
1	x	1	x	1
x	x	x	x	x
z	0	1	x	z

1．wire 型

wire 型数据常用于以 assign 关键字指定的组合逻辑信号。Verilog 程序模块中输入输出信号类型缺省时自动定义为 wire 型。wire 型信号可以用作任何方程式的输入，也可以用作 assign 语句或实例元件的输出。

wire 型信号的格式同 reg 型信号的很类似。其格式如下：

```
wire [n-1:0] 数据名1,数据名2,…,数据名i;  //共有 i 条总线，每条总线内有 n 条线路
```

或

```
wire [n:1] 数据名1,数据名2,…,数据名i;
```

wire 是 wire 型数据的确认符，[n-1:0]和[n:1]代表该数据的位宽，即该数据有几位，最后跟着的是数据的名字。如果一次定义多个数据，数据名之间用逗号隔开。声明语句的最后要用分号表示语句结束。观察下面的几个例子。

```
wire  a;                //定义了一个一位的 wire 型数据
wire [7:0] b;           //定义了一个八位的 wire 型数据
```

```
wire [4:1] c, d;                    //定义了二个四位的wire型数据
```

2. reg 型

寄存器是数据存储单元的抽象。寄存器数据类型的关键字是 reg，通过赋值语句可以改变寄存器存储的值，其作用与改变触发器存储的值相当。Verilog HDL 语言提供了功能强大的结构语句使设计者能有效地控制是否执行这些赋值语句。这些控制结构用来描述硬件触发条件，如时钟的上升沿和多路器的选通信号。reg 型数据的缺省初始值为不定值 x。

reg 型数据常用于 always 模块内的指定信号，常代表触发器。通常，在设计中要由 always 块通过使用行为描述语句来表达逻辑关系。在 always 块内被赋值的每一个信号都必须定义成 reg 型。

reg 型数据的格式如下：

```
reg [n-1:0] 数据名1,数据名2,…,数据名i;
```

或

```
reg [n:1]    数据名1,数据名2,…,数据名i;
```

reg 是 reg 型数据的确认标识符，[n-1:0]和[n:1]代表该数据的位宽，即该数据有几位，最后跟着的是数据的名字。如果一次定义多个数据，数据名之间用逗号隔开。声明语句的最后要用分号表示语句结束。观察下面的几个例子：

```
reg  rega;               //定义了一个一位的名为rega的reg型数据
reg [3:0]  regb;         //定义了一个四位的名为regb的reg型数据
reg [4:1] regc, regd;    //定义了两个四位的名为regc和regd的reg型数据
```

对于 reg 型数据，其赋值语句的作用就像改变一组触发器的存储单元的值。在 Verilog 中有许多控制构造(Construct)用来控制何时或是否执行这些赋值语句。这些控制构造可用来描述硬件触发器的各种具体情况，如触发条件用时钟的上升沿等，或用来描述具体判断逻辑的细节，如各种多路选择器。reg 型数据的缺省初始值是不定值。reg 型数据可以赋正值，也可以赋负值。但当一个 reg 型数据是一个表达式中的操作数时，它的值被当作无符号值，即正值。例如，当一个 4 位的寄存器用作表达式中的操作数时，如果开始寄存器被赋值–1，则在表达式中进行运算时，其值被认为是+15。

注意：

reg 型只表示被定义的信号将用在 always 块内，理解这一点很重要，并不是说 reg 型信号一定是寄存器或触发器的输出。虽然 reg 型信号常常是寄存器或触发器的输出，但并不一定总是这样。

3. memory 型

memory 型即存储器型，Verilog HDL 通过对 reg 型变量建立数组来对存储器建模，可以描述 RAM 型存储器、ROM 存储器和 reg 文件。数组中的每一个单元通过一个数组索引进行寻址。在 Verilog 语言中没有多维数组存在。 memory 型数据是通过扩展 reg 型数据的地址范围来生成的。其格式如下：

```
reg [n-1:0] 存储器名[m-1:0];
```

或

```
reg [n-1:0] 存储器名[m:1];
```

在这里，reg[n–1:0]定义了存储器中每一个存储单元的大小，即该存储单元是一个 n 位的寄存器。存储器名后的[m–1:0]或[m:1]则定义了该存储器中有多少个这样的寄存器。最后用分号结束定义语句。下面举例说明：

```
reg [7:0]  mema[255:0];
```

这个例子定义了一个名为 mema 的存储器，该存储器有 256 个 8 位的寄存器。该存储器的地址范围是 0～255。注意：对存储器进行地址索引的表达式必须是常数表达式。

另外，在同一个数据类型声明语句里，可以同时定义 memory 型数据和 reg 型数据。见下例：

```
parameter wordsize=16,                   //定义两个参数
memsize=256;
reg [wordsize-1:0] mem[memsize-1:0],writereg, readreg;
```

尽管 memory 型数据和 reg 型数据的定义格式很相似，但要注意其不同之处，如一个由 n 个 1 位寄存器构成的存储器是不同于一个 n 位的寄存器的。见下例：

```
reg [n-1:0] rega;              //一个 n 位的寄存器
reg mema [n-1:0];             //一个由 n 个 1 位寄存器构成的存储器组
```

一个 n 位的寄存器可以在一条赋值语句里进行赋值，而一个完整的存储器则不行。见下例：

```
rega =0;                      //合法赋值语句
mema =0;                      //非法赋值语句
```

如果想对 memory 中的存储单元进行读写操作，必须指定该单元在存储器中的地址。下面的写法是正确的。

```
mema[3]=0;                    //给 memory 中的第 3 个存储单元赋值为 0
```

进行寻址的地址索引可以是表达式，这样就可以对存储器中的不同单元进行操作。表达式的值可以取决于电路中其他的寄存器的值。例如，可以用一个加法计数器来作为 RAM 的地址索引。本节里只对以上几种常用的数据类型和常数进行了介绍，其余的在后面示例中用到时再逐一介绍。

6.3 运算符及表达式

Verilog HDL 语言的运算符范围很广，其运算符按其功能可分为以下几类：

(1) 算术运算符(+、–、×、/、%)；

(2) 赋值运算符(=、<=)；

(3) 关系运算符(>、<、>=、<=)；

(4) 逻辑运算符(&&、||、!)；

(5) 条件运算符(?:) ;

(6) 位运算符(～、|、^、&、^～) ;

(7) 移位运算符(<<、>>) ;

(8) 拼接运算符({ }) ;

(9) 其他。

在 Verilog HDL 语言中运算符所带的操作数是不同的,按其所带操作数的个数,运算符可分为三种:

单目运算符(unary operator) :可以带一个操作数,操作数放在运算符的右边。

二目运算符(binary operator) :可以带两个操作数,操作数放在运算符的两边。

三目运算符(ternary operator) :可以带三个操作,这三个操作数用三目运算符分隔开。

三种运算符见下例:

```
clock = ～clock;          //～是一个单目取反运算符, clock 是操作数
c = a | b;                //是一个二目按位或运算符, a 和 b 是操作数
r = s ? t : u;            //?:是一个三目条件运算符, s,t,u 是操作数
```

下面对常用的几种运算符进行介绍。

6.3.1　基本的算术运算符

在 Verilog HDL 语言中,算术运算符又称为二进制运算符,共有下面几种:

(1) + (加法运算符或正值运算符,如 rega+regb, +3) ;

(2) − (减法运算符或负值运算符,如 rega−3, −3) ;

(3) × (乘法运算符,如 rega*3) ;

(4) / (除法运算符,如 5/3) ;

(5) % (模运算符,或称为求余运算符,要求%两侧均为整型数据,如 7%3 的值为 1) 。

在进行整数除法运算时,结果值要略去小数部分,只取整数部分。而进行取模运算时,结果值的符号位采用模运算式里第一个操作数的符号位,见下例:

模运算表达式	结果	说明
10%3	1	余数为 1
11%3	2	余数为 2
12%3	0	余数为 0,即无余数
−10%3	−1	结果取第一个操作数的符号位,所以余数为−1
11%3	2	结果取第一个操作数的符号位,所以余数为 2

注意:在进行算术运算操作时,如果某一个操作数有不确定的值 x,则整个结果也为不定值 x。

6.3.2　位运算符

Verilog HDL 作为一种硬件描述语言,是针对硬件电路而言的。在硬件电路中信号有四种状态值 1、0、x、z。在电路中信号进行与或非时,反映在 Verilog HDL 中则是相应的操作数的位运算。Verilog HDL 提供了以下五种位运算符:

～	//取反
&	//按位与
|	//按位或
^	//按位异或
^～	//按位同或(异或非)

说明：

位运算符中除了～是单目运算符以外，其他均为二目运算符，即要求运算符两侧各有一个操作数。

位运算符中的二目运算符要求对两个操作数的相应位进行运算操作。

下面对各运算符分别进行介绍。

1. 取反运算符～

～是一个单目运算符，用来对一个操作数进行按位取反运算，其运算规则见表6.2。

表 6.2　取反运算符～运算规则

～	运算后的结果
1	0
0	1
x	x

举例说明：

```
rega='b1010;              //rega 的初值为'b1010
rega=~rega;               //rega 的值进行取反运算后变为'b0101
```

2. 按位与运算符&

按位与运算就是将两个操作数的相应位进行与运算，其运算规则见表6.3。

表 6.3　按位与运算符&运算规则

&	0	1	x
0	0	0	0
1	0	1	x
x	0	x	x

3. 按位或运算符|

按位或运算就是将两个操作数的相应位进行或运算，其运算规则见表6.4。

表 6.4　按位或运算符 | 运算规则

|	0	1	x
0	0	1	x
1	1	1	1
x	x	1	x

4. 按位异或运算符^(也称为 XOR 运算符)

按位异或运算就是将两个操作数的相应位进行异或运算，其运算规则见表 6.5。

表 6.5　按位异或运算符 ^ 运算规则

^	0	1	x
0	0	1	x
1	1	0	x
x	x	x	x

5. 按位同或运算符^~

按位同或运算就是将两个操作数的相应位先进行异或运算再进行非运算，其运算规则见表 6.6。

表 6.6　按位同或运算符 ^~ 运算规则

^~	0	1	x
0	1	0	x
1	0	1	x
x	x	x	x

两个长度不同的数据进行位运算时，系统会自动的将两者按右端对齐。位数少的操作数会在相应的高位用 0 填满，以使两个操作数按位进行操作。

6.3.3　逻辑运算符

在 Verilog HDL 语言中存在三种逻辑运算符：

&&：逻辑与。

||：逻辑或。

!：逻辑非。

&&和||是二目运算符，它要求有两个操作数，如(a>b)&&(b>c)、(a<b)||(b<c)。!是单目运算符，只要求一个操作数，如!(a>b)。表 6.7 为逻辑运算的规则表，它表示当 a 和 b 的值为不同的组合时，各种逻辑运算所得到的值。

表 6.7　逻辑运算规则表

a	b	!a	!b	a&&b	a||b
真	真	假	假	真	真
真	假	假	真	假	真
假	真	真	假	假	真
假	假	真	真	假	假

逻辑运算符中&&和||的优先级低于关系运算符，!高于算术运算符，见下例：

(a>b)&&(x>y)　　　可写成：　　　a>b && x>y。

(a==b)||(x==y)　　　可写成：　　　a==b || x==y。

(!a)||(a>b)   可写成：   !a || a>b。

为了提高程序的可读性，明确表达各运算符间的优先关系，建议使用括号。

6.3.4　关系运算符

关系运算符共有以下四种。

a < b：a 小于 b。

a > b：a 大于 b。

a <= b：a 小于或等于 b。

a >= b：a 大于或等于 b。

在进行关系运算时，如果声明的关系是假的(flase)，则返回值是 0；如果声明的关系是真的(true)，则返回值是 1；如果某个操作数的值不定，则关系是模糊的，返回值是不定值。

所有的关系运算符有着相同的优先级。关系运算符的优先级低于算术运算符的优先级，见下例：

```
a < size-1          //这种表达方式等同于下面这种表达方式
a < (size-1)
size - ( 1 < a )    //这种表达方式不等同于下面这种表达方式
size - 1 < a
```

从上面的例子可以看出这两种不同运算符的优先级。当表达式 size-(1<a)进行运算时，关系表达式先被运算，然后返回结果值 0 或 1 被 size 减去。而当表达式 size-1<a 进行运算时，size 先被减去 1，然后同 a 相比。

6.3.5　等式运算符

在 Verilog HDL 语言中存在四种等式运算符：

(1)==：(等于)；

(2)!=：(不等于)；

(3)===：(等于)；

(4)!==：(不等于)。

这四个运算符都是二目运算符，它要求有两个操作数。==和!=又称为逻辑等式运算符，其结果由两个操作数的值决定。由于操作数中某些位可能是不定值 x 和高阻值 z，所以结果可能为不定值 x。而===和!==运算符则不同，它在对操作数进行比较时对某些位的不定值 x 和高阻值 z 也进行比较，两个操作数必须完全一致，其结果才是"1"，否则为"0"。===和!==运算符常用于 case 表达式的判别，所以又称为 case 等式运算符。这四个等式运算符的优先级是相同的。表 6.8 给出了==与===的运算规则表，帮助理解两者间的区别。

表 6.8　等式运算符运算规则

==	0	1	X	Z	==	0	1	X	Z
0	1	0	0	0	0	1	0	X	X
1	0	1	0	0	1	0	1	X	X
X	0	0	1	0	X	X	X	X	X
Z	0	0	0	1	Z	X	X	X	X

下面举一个例子说明==和===的区别。

```
if(A==1'bx)  $display("AisX");           //当 A 等于 X 时，这个语句不执行
if(A===1'bx) $display("AisX");           //当 A 等于 X 时，这个语句执行
```

6.3.6　移位运算符

在 Verilog HDL 中有两种移位运算符：<<（左移位运算符）和>>（右移位运算符）。

其使用方法如下：a >> n 或 a << n。

其中，a 代表要进行移位的操作数，n 代表要移几位。这两种移位运算都用 0 来填补移出的空位。下面举例说明。

【例 6-7】移位运算。

```
module  shift;
reg [3:0]  start, result;
initial
begin
start = 1;                  //start 在初始时刻设为值 0001
result = (start<<2);        //移位后，start 的值 0100，然后赋予 result
end
endmodule
```

从上面的例子可以看出，start 在移过两位以后，用 0 来填补空出的位。

进行移位运算时应注意移位前后变量的位数，例如：

```
4'b1001<<1 = 5'b10010;
4'b1001<<2 = 6'b100100;
1<<6 = 32'b1000000;
4'b1001>>1 = 4'b0100;
4'b1001>>4 = 4'b0000;
```

6.3.7　位拼接运算符

在 Verilog HDL 语言有一个特殊的运算符：位拼接运算符{}。用这个运算符可以把两个或多个信号的某些位拼接起来进行运算操作。其使用方法如下：

```
{信号 1 的某几位,信号 2 的某几位,…,信号 n 的某几位}
```

即把某些信号的某些位详细地列出来，中间用逗号分开，最后用大括号括起来表示一个整体信号，见下例：

```
{a,b[3:0],w,3'b101}
```

也可以写成

```
{a,b[3],b[2],b[1],b[0],w,1'b1,1'b0,1'b1}
```

在位拼接表达式中不允许存在没有指明位数的信号。这是因为在计算拼接信号的位宽的大小时必须知道其中每个信号的位宽。

位拼接还可以用重复法来简化表达式，见下例：

```
{4{w}}                    //这等同于{w,w,w,w}
```

位拼接还可以用嵌套的方式来表达，见下例：

```
{b,{3{a,b}}}              //这等同于{b,a,b,a,b,a,b}
```

用于表示重复的表达式如上面两个例子中的 4 和 3，必须是常数表达式。

6.3.8　缩减运算符

缩减运算符是单目运算符，也有与、或、非运算。其与或非运算规则类似于位运算符的与或非运算规则，但其运算过程不同。位运算是对操作数的相应位进行与或非运算，操作数是几位数则运算结果也是几位数。而缩减运算则不同，缩减运算是对单个操作数进行或与非递推运算，最后的运算结果是 1 位的二进制数。缩减运算的具体运算过程是这样的：第一步先将操作数的第一位与第二位进行或与非运算；第二步将运算结果与第三位进行或、与、非运算；依次类推，直至最后一位。

例如：

```
reg [3:0] B;
reg C;
C = &B;
```

相当于：

```
C =( (B[0]&B[1]) & B[2] ) & B[3];
```

由于缩减运算的与、或、非运算规则类似于位运算符与、或、非运算规则，这里不再详细讲述，请参照位运算符运算规则的介绍。

6.3.9　优先级

下面对各种运算符的优先级关系做一总结，见表 6.9。

表 6.9　运算符优先级

运算符	优先级
!　～	高优先级
*　/　%	
+　−	
<<>>	
<<=　>>=	
==　!=　===　!==	
&	
^　^～	
|	
&&	
||	
?:	低优先级

6.3.10　关键字

在 Verilog HDL 中，所有的关键词是事先定义好的确认符，用来组织语言结构。关键词是用小写字母定义的，因此在编写源程序时要注意关键词的书写，以避免出错。下面是 Verilog HDL 中使用的关键词：

always、and、assign、begin、buf、bufif0、bufif1、case、casex、casez、cmos、deassign、default、defparam、disable、edge、else、end、endcase、endmodule、endfunction、endprimitive、endspecify、endtable、endtask、event、for、force、forever、fork、function、highz0、highz1、if、initial、inout、input、integer、join、large、macromodule、medium、module、nand、negedge、nmos、nor、not、notif0、notif1、or、output、parameter、pmos、posedge、primitive、pull0、pull1、pullup、pulldown、rcmos、reg、release、repeat、mmos、rpmos、rtran、rtranif0、rtranif1、scalared、small、specify、specparam、strength、strong0、strong1、supply0、supply1、table、task、time、tran、tranif0、tranif1、tri、tri0、tri1、triand、trior、trireg、vectored、wait、wand、weak0、weak1、while、wire、wor、xnor、xor。

注意：在编写 Verilog HDL 程序时，变量的定义不要与这些关键词冲突。

6.4　赋值语句和块语句

6.4.1　赋值语句

在 Verilog HDL 语言中，信号有两种赋值方式：非阻塞赋值方式与阻塞赋值方式。

1. 非阻塞(Non_Blocking)赋值方式

块结束后才完成赋值操作，例如：

```
b <= a;
```

b 的值并不是立刻就改变的。这是一种比较常用的赋值式法(特别在编写可综合模块时)。

2. 阻塞(Blocking)赋值方式

赋值语句执行完后，块才结束，例如：

```
b = a;
```

b 的值在赋值语句执行完后立刻就改变。这种赋值方式可能会产生意想不到的结果。

非阻塞赋值方式和阻塞赋值方式的区别常给设计人员带来问题。问题主要是给 always 块内的 reg 型信号赋值的赋值方式不易把握。到目前为止，前面所举的例子中的 always 模块内的 reg 型信号都是采用的下面这种赋值方式：

```
b <= a;
```

这种方式的赋值并不是马上执行的，也就是说 always 块内的下一条语句执行后，b 并不等于 a，而是保持原来的值，always 块结束后，才进行赋值。而另一种赋值方式(阻塞赋值方式)如下：

```
b = a;
```

这种赋值方式是马上执行的，也就是说执行下一条语句时，b 已等于 a。尽管这种方式看起来很直观，但是可能引起麻烦。下面举例说明。

【例 6-8】非阻塞赋值方式。

```
always @( posedge clk )
    begin
        b<=a;
        c<=b;
    end
```

例 6-8 中的 always 块中用了非阻塞赋值方式，定义了两个 reg 型信号 b 和 c，clk 信号的上升沿到来时，b 就等于 a，c 就等于 b，这里应该用到了两个触发器。请注意：赋值是在 always 块结束后执行的，c 应为原来 b 的值。这个 always 块利用非阻塞赋值方式的设计结果如图 6.2 所示。

【例 6-9】阻塞赋值方式。

```
always @(posedge  clk)
    begin
        b=a;
        c=b;
    end
```

例 6-9 中的 always 块用了阻塞赋值方式。clk 信号的上升沿到来时，将发生如下的变化：b 马上取 a 的值，c 马上取 b 的值（即等于 a），即阻塞赋值方式的设计结果如图 6.3 所示，其只用了一个触发器来保存寄存器 a 的值，又将该值输出给 b 和 c。这大概不是设计者的初衷，如果采用如例 6-8 所示的非阻塞赋值方式就可以避免发生这种错误。

图 6.2　非阻塞赋值方式的设计结果

图 6.3　阻塞赋值方式的设计结果

6.4.2　块语句

块语句通常用来将两条或多条语句组合在一起，使其在格式上看更像一条语句。块语句有两种：一种是 begin-end 语句，通常用来标识顺序执行的语句，用它来标识的块称为顺序块；另一种是 fork-join 语句，通常用来标识并行执行的语句，用它来标识的块称为并行块。

1. 顺序块

顺序块有以下特点：

(1)块内的语句是按顺序执行的，即只有上面一条语句执行完后下面的语句才能执行。

(2)每条语句的延迟时间是相对于前一条语句的仿真时间而言的。

(3)直到最后一条语句执行完,程序流程控制才跳出该语句块。

顺序块的格式如下:

```
Begin
    语句1;
    语句2;
    ...
    语句n;
end
```

或

```
begin:块名
    块内声明语句
    语句1;
    语句2;
    ...
    语句n;
end
```

其中,块名即该块的名字,一个标识名;块内声明语句可以是参数声明语句、reg 型变量声明语句、integer 型变量声明语句、real 型变量声明语句。

下面举例说明。

【例 6-10】顺序块。

```
begin
    areg = breg;
    creg = areg;                //creg 的值为 breg 的值
end
```

从该例可以看出,第一条赋值语句先执行,areg 的值更新为 breg 的值,然后程序流程控制转到第二条赋值语句,creg 的值更新为 areg 的值。因为这两条赋值语句之间没有任何延迟时间,所以 creg 的值实为 breg 的值。当然可以在顺序块里通过延迟控制时间来分开两个赋值语句的执行时间:

```
begin
    areg = breg;
    #10 creg = areg;            //在两条赋值语句间延迟 10 个时间单位
end
```

【例 6-11】用顺序块和延迟控制组合来产生一个时序波形。

```
parameter d=50;                 //声明 d 是一个参数
reg [7:0] r;                    //声明 r 是一个 8 位的寄存器变量
begin                           //由一系列延迟产生的波形
    #d  r = 'h35;
    #d  r = 'hE2;
    #d  r = 'h00;
```

```
    #d   r = 'hF7;
    #d   ->end_wave;                 //触发事件 end_wave
end
```

2. 并行块

并行块有以下四个特点：

(1)块内语句是同时执行的，即程序流程控制一进入该并行块，块内语句则开始并行地执行。

(2)块内每条语句的延迟时间是相对于程序流程控制进入块内时的仿真时间而言的。

(3)延迟时间是用来给赋值语句提供执行时序的。

(4)当按时序排序在最后的语句执行完后或一个 disable 语句执行时，程序流程控制跳出该程序块。

并行块的格式如下：

```
fork
    语句1;
    语句2;
    …
    语句n;
join
```

或

```
fork:块名
    块内声明语句
    语句1;
    语句2;
    …
    语句n;
join
```

其中，块名即标识该块的一个名字，相当于一个标识符；块内说明语句可以是参数说明语句、reg 型变量声明语句、integer 型变量声明语句、real 型变量声明语句、time 型变量声明语句、事件说明语句。

下面举例说明。

【例 6-12】用并行块产生波形。

```
fork
    #50    r = 'h35;
    #100   r = 'hE2;
    #150   r = 'h00;
    #200   r = 'hF7;
    #250    ->end_wave;      //触发事件 end_wave.
join
```

在这个例子中用并行块替代了前面例子中的顺序块来产生波形，用这两种方法生成的波形是一样的。

3. 块名

在 VerilgHDL 语言中，可以给每个块取一个名字，只需将名字加在关键词 begin 或 fork 后面即可。这样做的原因有以下几点。

（1）这样可以在块内定义局部变量，即只在块内使用的变量；

（2）这样可以允许块被其他语句调用，如被 disable 语句；

（3）在 Verilog 语言里，所有的变量都是静态的，即所有的变量都只有唯一的存储地址，因此进入或跳出块并不影响存储在变量内的值。

基于以上原因，块名就提供了一个在任何仿真时刻都能确认变量值的方法。

4. 起始时间和结束时间

在并行块和顺序块中都有一个起始时间和结束时间的概念。对于顺序块，起始时间就是第一条语句开始执行的时间，结束时间就是最后一条语句执行完的时间。而对于并行块来说，起始时间对于块内所有的语句是相同的，即程序流程控制进入该块的时间，其结束时间是按时间时序排序在最后的语句执行完的时间。

当一个块嵌入另一个块时，块的起始时间和结束时间是很重要的。至于跟在块后面的语句只有在该块的结束时间到了才能开始执行，也就是说，只有该块完全执行完后，后面的语句才可以执行。

在 fork_join 块内，各条语句不必按顺序给出，因此在并行块里，各条语句在前还是在后是无关紧要的。

【例 6-13】并行块与语句顺序。

```
fork
    #250  ->end_wave;
    #200  r = 'hF7;
    #150  r = 'h00;
    #100  r = 'hE2;
    #50   r = 'h35;
join
```

在这个例子中，各条语句并不是按被执行的先后顺序给出的，但同样可以生成前面例子中的波形。

6.5 条 件 语 句

6.5.1 if-else 语句

if 语句用来判定所给定的条件是否满足，根据判定的结果（真或假）决定执行给出的两种操作之一。Verilog HDL 语言提供了三种形式的 if 语句。

（1）if(表达式)语句

例如：

```
if ( a> b )    out1 <= int1;
```

(2)if(表达式) 语句 1;
    else 语句 2;

例如：

```
if(a>b)  out1<=int1;
else     out1<=int2;
```

(3)if(表达式 1) 语句 1;
    else if(表达式 2) 语句 2;
    …;else 语句 n;

例如：

```
if(a>b)          out1<=int1;
else if(a==b)    out1<=int2;
else             out1<=int3;
```

六点说明：

(1)三种形式的 if 语句中在 if 后面都有表达式，表达式一般为逻辑表达式或关系表达式。系统对表达式的值进行判断，若为 0、x、z，按"假"处理；若为 1，按"真"处理，执行指定的语句。

(2)第二、三种形式的 if 语句中，在每个 else 前面有一分号，整个语句结束处有一分号。

例如：

```
If(a>b)
    out1<=int1;      //有一个分号
else
    out1<=int2;      //有一个分号
```
各有一个分号

这是由于分号是 Verilog HDL 语句中不可缺少的部分，这个分号是 if 语句中的内嵌语句所要求的。如果无此分号，则出现语法错误。但应注意，不要误认为上面的语句是两个语句(if 语句和 else 语句)，它们都属于同一个 if 语句。else 语句不能作为语句单独使用，它必须是 if 语句的一部分，与 if 配对使用。

(3)在 if 和 else 后面可以包含一个内嵌的操作语句(如上例)，也可以有多个操作语句，此时用 begin 和 end 这两个关键词将几个语句包含起来成为一个复合块语句。例如：

```
if(a>b)
    begin
        out1<=int1;
        out2<=int2;
    end
else
    begin
        out1<=int2;
        out2<=int1;
    end
```

注意：在 end 后不需要再加分号。因为 begin-end 内是一个完整的复合语句，不需再附加分号。

(4) 条件语句允许一定形式的表达式简写方式，如下面的例子：

if(expression) 等同于 if(expression == 1)

if(!expression) 等同于 if(expression != 1)

(5) if 语句的嵌套。

在 if 语句中又包含一个或多个 if 语句称为 if 语句的嵌套。一般形式如下：

```
if(expression1)
    if(expression2) 语句 1        //内嵌 if
    else 语句 2
else
    if(expression3) 语句 3        //内嵌 if
    else 语句 4
```

应当注意 if 与 else 的配对关系，else 总是与它上面的最近的 if 配对。如果 if 与 else 的数目不一样，为了实现程序设计者的目的，可以用 begin-end 块语句来确定配对关系。例如：

```
if( )
    begin
        if( )  语句 1            //内嵌 if
    end
else
    语句 2
```

这时 begin-end 块语句限定了内嵌 if 语句的范围，因此 else 与第一个 if 配对。注意：begin-end 块语句在 if-else 语句中的使用。因为有时 begin-end 块语句的不慎使用会改变逻辑行为，见下例。

【例 6-14】begin-end 块语句在 if-else 语句中的使用举例 1。

```
if(index>0)
    for(scani=0;scani<index;scani=scani+1)
        if(memory[scani]>0)
            begin
                $display("...");
                memory[scani]=0;
            end
    else /*WRONG*/
    $display("error-indexiszero");
```

尽管程序设计者把 else 与第一个 if(外层 if)写在同一列上，希望其与第一个 if 对应，但实际上 else 与第二个 if 对应，因为它们相距最近。正确的写法见例 6-15。

【例 6-15】begin-end 块语句在 if-else 语句中的使用举例 2。

```
if(index>0)
    begin
        for(scani=0;scani<index;scani=scani+1)
            if(memory[scani]>0)
                begin
                    $display("…");
```

```
                        memory[scani]=0;
                end
        end
else    /* RIGHT */
        $display("error-indexiszero");
```

（6）if-else 例子。

下面的例子取自某程序中的一部分。这部分程序用 if-else 语句来检测变量 index 以决定三个寄存器 modify_segn 中哪一个的值应当与 index 相加作为 memory 的寻址地址，并且将相加值存入寄存器 index 以备下次检测使用。程序的前 10 行定义寄存器和参数。

【例 6-16】if-else 使用举例。

```
//定义寄存器和参数
reg [31:0]  instruction, segment_area[255:0];
reg [7:0]   index;
reg [5:0]   modify_seg1, modify_seg2, modify_seg3;
parameter
segment1=0,  inc_seg1=1,
segment2=20, inc_seg2=2,
segment3=64, inc_seg3=4,
data=128;
//检测寄存器 index 的值
if(index<segment2)
    begin
        instruction = segment_area[index + modify_seg1];
        index = index + inc_seg1;
    end
else if(index<segment3)
    begin
        instruction = segment_area[index + modify_seg2];
        index = index + inc_seg2;
    end
else if (index<data)
    begin
        instruction = segment_area[index + modify_seg3];
        index = index + inc_seg3;
    end
else
    instruction = segment_area[index];
```

6.5.2　case 语句

case 语句是一种多分支选择语句，if 语句只有两个分支可供选择，而实际问题中常常需要用到多分支选择，Verilog 语言提供的 case 语句直接处理多分支选择。case 语句通常用于微处理器的指令译码，它的一般形式如下：

case(表达式)	<case 分支项>	endcase
casez(表达式)	<case 分支项>	endcase
casex(表达式)	<case 分支项>	endcase

case 分支项的一般格式如下:

| 分支表达式: | 语句 |
| 缺省项(default 项): | 语句 |

说明:

(1)case 括弧内的表达式称为控制表达式, case 分支项中的表达式称为分支表达式。控制表达式通常表示为控制信号的某些位, 分支表达式则用这些控制信号的具体状态值来表示, 因此分支表达式又可以称为常量表达式。

(2)当控制表达式的值与分支表达式的值相等时, 就执行分支表达式后面的语句。如果所有的分支表达式的值都没有与控制表达式的值相匹配的, 就执行 default 后面的语句。

(3)default 项可有可无, 一个 case 语句里只准有一个 default 项。下面是一个简单的使用 case 语句的例子。该例子中对寄存器 rega 译码以确定 result 的值。

【例 6-17】case 语句使用举例 1。

```
reg [15:0]  rega;
reg [9:0]   result;
case(rega)
    16 'd0:  result = 10 'b0111111111;
    16 'd1:  result = 10 'b1011111111;
    16 'd2:  result = 10 'b1101111111;
    16 'd3:  result = 10 'b1110111111;
    16 'd4:  result = 10 'b1111011111;
    16 'd5:  result = 10 'b1111101111;
    16 'd6:  result = 10 'b1111110111;
    16 'd7:  result = 10 'b1111111011;
    16 'd8:  result = 10 'b1111111101;
    16 'd9:  result = 10 'b1111111110;
    default: result = 'bx;
endcase
```

每一个 case 分支项的分支表达式的值必须互不相同, 否则就会出现矛盾现象(对表达式的同一个值, 有多种执行方案)。执行完 case 分支项后的语句, 则跳出该 case 语句结构, 终止 case 语句的执行。

在用 case 语句表达式进行比较的过程中, 只有当信号的对应位的值能明确进行比较时, 比较才能成功。因此要注意详细说明 case 分支项的分支表达式的值。

case 语句的所有表达式的值的位宽必须相等, 只有这样控制表达式和分支表达式才能进行对应位的比较。一个经常犯的错误是用'bx、'bz 来替代 n'bx、n'bz, 这样写是不对的, 因为信号 x、z 的缺省宽度是机器的字节宽度, 通常是 32 位(此处 n 是 case 控制表达式的位宽)。

case 语句与 if-else-if 语句的区别主要有两点: 与 case 语句中的控制表达式和多分支表达式这种比较结构相比, if-else-if 结构中的条件表达式更为直观一些。

对于分支表达式中存在不定值 x 和高阻值 z 位，case 语句提供了处理这种情况的手段。下面的两个例子介绍了处理 x、z 位的 case 语句。

【例 6-18】case 语句使用举例 2。

```
case ( select[1:2] )
    2 'b00:  result = 0;
    2 'b01:  result = flaga;
    2 'b0x,
    2 'b0z:  result = flaga? 'bx : 0;
    2 'b10:  result = flagb;
    2 'bx0,
    2 'bz0:  result = flagb? 'bx : 0;
    default: result = 'bx;
endcase
```

【例 6-19】case 语句使用举例 3。

```
case(sig)
    1 'bz:    $display("signal is floating");
    1 'bx:    $display("signal is unknown");
    default: $display("signal is %b", sig);
endcase
```

Verilog HDL 针对电路的特性提供了 case 语句的其他两种形式用来处理 case 语句比较过程中的不必考虑的情况（Don't Care Condition）。其中 casez 语句用来处理不考虑高阻值 z 的比较过程，casex 语句则将高阻值 z 和不定值都视为不必关心的情况。不必关心的情况即在表达式进行比较时，不将该位的状态考虑在内。这样在 case 语句表达式进行比较时，就可以灵活地设置以对信号的某些位进行比较。

表 6.10 给出了 case、casez、casex 的真值表。

表 6.10　case、casez、casex 真值表

case	0	1	X	Z	casez	0	1	X	Z	casex	0	1	X	Z
0	1	0	0	0	0	1	0	0	1	0	1	0	1	1
1	0	1	0	0	1	0	1	0	1	1	0	1	1	1
X	0	0	1	0	X	0	0	1	1	X	1	1	1	1
Z	0	0	0	1	Z	1	1	1	1	Z	1	1	1	1

【例 6-20】case 语句使用举例 4。

```
reg[7:0] ir;
casez(ir)
    8 'b1???????: instruction1(ir);
    8 'b01??????: instruction2(ir);
    8 'b00010???: instruction3(ir);
    8 'b000001??: instruction4(ir);
endcase
```

【例 6-21】case 语句使用举例 5。

```
reg[7:0]  r, mask;
mask = 8'bx0x0x0x0;
casex(r^mask)
    8 'b001100xx: stat1;
    8 'b1100xx00: stat2;
    8 'b00xx0011: stat3;
    8 'bxx001100: stat4;
endcase
```

6.5.3　由于条件语句使用不当而产生意外的锁存器

Verilog HDL 设计中容易犯的一个通病是由于不正确使用语言，生成了并不想要的锁存器。下面我们给出了一个在 always 块中不正确使用 if 语句，造成这种错误的例子。

【例 6-22】产生锁存器的 always 块。

```
always @(al or d)
    begin
        if(al) q<=d;
    end
```

上例中，if 语句保证了只有当 al=1 时，q 才取 d 的值。这段程序没有写出 al = 0 时的结果，那么当 al=0 时会怎么样呢？在 always 块内，如果在给定的条件下变量没有赋值，这个变量将保持原值，也就是说会生成一个锁存器。

如果设计人员希望当 al = 0 时 q 的值为 0，else 项就必不可少了。

【例 6-23】不产生锁存器的 always 块。

```
always @(al or d)
    begin
        if(al) q<=d;
else  q<=0
    end
```

上例中，由于明确指出 if 条件语句的各种分支下的电路行为，整个 Verilog 程序模块综合出来后，always 块对应的部分不会生成锁存器。

Verilog HDL 程序另一种偶然生成锁存器是在使用 case 语句时缺少 default 项的情况下发生的。

【例 6-24】产生锁存器的 case 语句结构。

```
always @(sel[1:0] or a or b)
    case(sel[1:0])
        2'b00:  q<=a;
        2'b11:  q<=b;
endcase
```

case 语句的功能是：在某个信号(例 6-24 中的 sel)取不同的值时，给另一个信号(例 6-24 中的 q)赋不同的值。上例中，如果 sel=00，q 取 a 值；而 sel=11 时，q 取 b 的值。这个例子中不清楚的是：如果 sel 取 00 和 11 以外的值时 q 将被赋予什么值？Verilog HDL 中，不指明即默认 q 保持原值，这就会自动生成锁存器。

【例 6-25】 不产生锁存器的 case 语句结构。

```
always @(sel[1:0] or a or b)
    case(sel[1:0])
        2'b00:  q<=a;
        2'b11:  q<=b;
        default:  q<='b0;
    endcase
```

上例很明确，程序中的 case 语句有 default 项，指明了如果 sel 不取 00 或 11 时，编译器或仿真器应赋予 q 的值。在如该程序所示的情况下，q 赋值为 0，因此不需要锁存器。

以上就是怎样来避免发生偶然生成锁存器的错误。如果用到 if 语句，最好写上 else 项。如果用 case 语句，最好写上 default 项。遵循上面两条原则，就可以避免发生这种错误，使设计者更加明确设计目标，同时也增强了 Verilog 程序的可读性。

6.6 循 环 语 句

在 Verilog HDL 中存在着四种类型的循环语句，用来控制执行语句的执行次数。

forever：连续的执行语句。

repeat：连续执行一条语句 n 次。

while：执行一条语句直到某个条件不满足。如果一开始条件即不满足(为假)，则语句一次也不能被执行。

for：按照指定的次数重复执行过程赋值语句若干次(只要条件为真，循环中的语句就执行)。

6.6.1 forever 语句

forever 语句的格式如下：

```
forever  语句；
```

或

```
forever  begin  多条语句  end
```

forever 循环语句常用于产生周期性的波形，用来作为仿真测试信号。它与 always 语句的不同处在于其不能独立写在程序中，而必须写在 initial 块中。

6.6.2 repeat 语句

repeat 语句的格式如下：

```
repeat(表达式) 语句；
```

或

```
repeat(表达式)　begin 多条语句 end
```

在 repeat 语句中，其表达式通常为常量表达式。下面的例子中使用 repeat 循环语句及加法和移位操作来实现一个乘法器。

【例 6-26】repeat 循环语句使用举例。

```
parameter size=8,longsize=16;
reg [size:1] opa, opb;
reg [longsize:1] result;

begin: mult
    reg [longsize:1] shift_opa, shift_opb;
    shift_opa = opa;
    shift_opb = opb;
    result = 0;
    repeat(size)
        begin
            if(shift_opb[1])
                result = result + shift_opa;
                shift_opa = shift_opa<<1;
                shift_opb = shift_opb>>1;
        end
end
```

6.6.3　while 语句

while 语句的格式如下：

```
while(表达式)　语句
```

或用如下格式：

```
while(表达式)　begin　多条语句 end
```

下面举一个 while 语句的例子，该例子用 while 循环语句对 rega 这个 8 位二进制数中值为 1 的位进行计数。

【例 6-27】while 循环语句使用举例。

```
begin: count1s
    reg[7:0] tempreg;
    count=0;
    tempreg = rega;
    while(tempreg)
    begin
        if(tempreg[0]) count = count + 1;
            tempreg = tempreg>>1;
    end
end
```

6.6.4 for 语句

for 语句的一般形式为：

```
for(表达式1；表达式2；表达式3) 语句
```

for 通过以下三个步骤来决定语句的循环执行：

(1)先给控制循环次数的变量赋初值。

(2)判定控制循环的表达式 1 的值：若为假(0)，则跳出循环语句，执行 for 语句后面的语句；若为真(非 0)，则执行 for 语句中指定的内嵌语句，然后转到第(3)步。

(3)执行一次赋值语句表达式 3 修正控制循环次数的变量的值，然后返回第(2)步。

for 语句最简单的应用形式是很易理解的，其形式如下：

```
for(循环变量赋初值;循环结束条件;循环变量增值)
    执行语句
```

for 循环语句实际上相当于采用 while 循环语句建立以下的循环结构：

```
begin
    循环变量赋初值;
    while(循环结束条件)
        begin
            执行语句
            循环变量增值;
        end
    end
```

这样对于需要 8 条语句才能完成的一个循环控制，for 循环语句只需 2 条即可。

下面分别举两个使用 for 循环语句的例子。例 6-28 用 for 语句来初始化 memory，例 6-29 则用 for 循环语句来实现前面用 repeat 语句实现的乘法器。

【例 6-28】for 循环语句使用举例 1。

```
begin:  init_mem
    reg[7:0] tempi;
    for(tempi=0;tempi<memsize;tempi=tempi+1)
        memory[tempi]=0;
end
```

【例 6-29】for 循环语句使用举例 2。

```
parameter  size = 8, longsize = 16;
reg[size:1] opa, opb;
reg[longsize:1] result;

begin:mult
    integer bindex;
    result=0;
    for( bindex=1; bindex<=size; bindex=bindex+1 )
        if(opb[bindex])
```

```
        result = result + (opa<<(bindex-1));
end
```

在 for 语句中，循环变量增值表达式可以不必是一般的常规加法或减法表达式。下面是对 rega 这个 8 位二进制数中值为 1 的位进行计数的另一种方法。

【例 6-30】for 循环语句使用举例 3。

```
begin: count1s
    reg[7:0] tempreg;
    count=0;
        for( tempreg=rega; tempreg; tempreg=tempreg>>1 )
            if(tempreg[0])
                count=count+1;
end
```

6.7　结构说明语句

Verilog 语言中的任何过程模块都从属于以下四种结构的说明语句：

```
initial 说明语句
always 说明语句
task 说明语句
function 说明语句
```

initial 和 always 说明语句在仿真的一开始即开始执行。initial 语句只执行一次。相反，always 语句则不断地重复执行，直到仿真过程结束。在一个模块中，使用 initial 和 always 语句的次数是不受限制的。task 和 function 语句可以在程序模块中的一处或多处调用。

6.7.1　initial 语句

initial 语句的格式如下：

```
initial
    begin
        语句 1;
        语句 2;
        …
        语句 n;
    end
```

initial 块常用于测试文件和虚拟模块的编写，用来产生仿真测试信号和设置信号记录等仿真环境。

【例 6-31】用 initial 语句在仿真开始时对各变量进行初始化。

```
initial
    begin
        areg=0;                   //初始化寄存器 areg
        for(index=0;index<size;index=index+1)
            memory[index]=0;      //初始化一个 memory
    end
```

【例 6-32】用 initial 语句来生成激励波形作为电路的测试仿真信号。

```
initial
    begin
        inputs = 'b000000;            //初始时刻为 0
        #10 inputs = 'b011001;
        #10 inputs = 'b011011;
        #10 inputs = 'b011000;
        #10 inputs = 'b001000;
    end
```

一个模块中可以有多个 initial 块，它们都是并行运行的。

6.7.2 always 语句

always 语句在仿真过程中是不断重复执行的。其声明格式如下：

```
always <时序控制><语句>
```

always 语句由于其不断重复执行的特性，只有和一定的时序控制结合在一起才有用。如果一个 always 语句没有时序控制，则这个 always 语句将会发成一个仿真死锁。例如：

```
always  areg = ~areg;
```

这个 always 语句将会生成一个 0 延迟的无限循环跳变过程，这时会发生仿真死锁。

如果加上时序控制，则这个 always 语句将变为一条非常有用的描述语句。例如：

```
always #half_period  areg = ~areg;
```

这个例子生成了一个周期为:period(=2*half_period) 的无限延续的信号波形，常用这种方法来描述时钟信号，作为激励信号来测试所设计的电路。

【例 6-33】使用 always 语句进行时间控制。

```
reg[7:0] counter;
        reg tick;
        always @(posedge areg)
begin
    tick = ~tick;
    counter = counter + 1;
end
```

这个例子中，每当 areg 信号的上升沿出现时，把 tick 信号反相，并且把 counter 增加 1。

always 的时间控制可以是沿触发也可以是电平触发的，可以单个信号也可以多个信号，中间需要用关键字 or 连接，例如：

```
always @(posedge clock or posedge reset)      //由两个沿触发的 always 块
    begin
    ...
    end

always @( a or b or c )                        //由多个电平触发的 always 块
```

```
        begin
        …
        end
```

沿触发的 always 块常常描述时序逻辑，如果符合可综合风格要求,可用综合工具自动转换为描述时序逻辑的寄存器组和门级逻辑，而电平触发的 always 块常常用来描述组合逻辑和带锁存器的组合逻辑，如果符合可综合风格要求，可转换为描述组合逻辑的门级逻辑或带锁存器的组合逻辑。

一个模块中可以有多个 always 块，它们都是并行运行的。

6.7.3　task 和 function 说明语句

task 和 function 说明语句分别用来定义任务和函数。利用任务和函数可以把一个很大的程序模块分解成许多较小的任务和函数便于理解和调试。输入、输出和总线信号的值可以传入、传出任务和函数。任务和函数往往还是大的程序模块中在不同地点多次用到的相同的程序段。学会使用 task 和 function 语句可以简化程序的结构，使程序明白易懂，是编写较大型模块的基本功。

1. task 和 function 说明语句的不同点

任务和函数有些不同，主要的不同有以下四点：

(1) 函数只能与主模块共用同一个仿真时间单位，而任务可以定义自己的仿真时间单位。

(2) 函数不能启动任务，而任务能启动其他任务和函数。

(3) 函数至少要有一个输入变量，而任务可以没有或有多个任何类型的变量。

(4) 函数返回一个值，而任务则不返回值。

函数的目的是通过返回一个值来响应输入信号的值。任务却能支持实现多种目的，能计算多个结果值，这些结果值只能通过被调用的任务的输出或总线端口送出。Verilog HDL 模块使用函数时把它当作表达式中的操作符，这个操作的结果值就是这个函数的返回值。

例如，定义一任务或函数对一个 16 位的字进行操作让高字节与低字节互换，把它变为另一个字(假定这个任务或函数名为 switch_bytes)。

任务返回的新字是通过输出端口的变量，因此 16 位字的字节互换任务的调用源码是这样的：

```
switch_bytes(old_word,new_word);
```

任务 switch_bytes 把输入 old_word 的字的高、低字节互换放入 new_word 端口输出。

而函数返回的新字是函数本身的返回值，因此 16 位字的字节互换函数的调用源码是这样的：

```
new_word = switch_bytes(old_word);
```

2. task 说明语句

如果传给任务的变量值和任务完成后接收结果的变量已定义，就可以用一条语句启动任务。任务完成以后控制就传回启动过程。若任务内部有定时控制，则启动的时间可以与控制返回的时间不同。任务可以启动其他的任务，其他任务又可以启动别的任务，可以启动的任务数是没有限制的。不管有多少任务启动，只有当所有的启动任务完成以后，控制才能返回。

1）任务的定义

定义任务的语法如下：

```
task <任务名>;
    <端口及数据类型声明语句>
    <语句1>
    <语句2>
    …
    <语句n>
endtask
```

这些声明语句的语法与模块定义中的对应声明语句的语法是一致的。

2）任务的调用及变量的传递

启动任务并传递输入输出变量的声明语句的语法如下：

```
<任务名>(端口1,端口2,…,端口n);
```

下面的例子说明怎样定义任务和调用任务。

任务定义：

```
task  my_task;
    input a, b;
    inout  c;
    output d, e;
    …
    <语句>              //执行任务工作相应的语句
    …
    c = foo1;          //赋初始值
    d = foo2;          //对任务的输出变量赋值
    e = foo3;
endtask
```

任务调用：

```
my_task(v,w,x,y,z);
```

任务调用变量(v,w,x,y,z)和任务定义的 I/O 变量(a,b,c,d,e)之间是一一对应的。当任务启动时，由 v、w 和 x 传入的变量赋予了 a、b 和 c，而当任务完成后的输出又通过 c、d 和 e 赋予了 x、y 和 z。下面是一个具体的例子用来说明怎样在模块的设计中使用任务，使程序容易读懂。

【例6-34】利用任务实现简单的交通灯调度。

```
module traffic_lights;
    reg  clock, red, amber, green;
    parameter  on=1, off=0, red_tics=350,
    amber_tics=30,green_tics=200;
```

```
//交通灯初始化
    initial red=off;
    initial amber=off;
    initial green=off;

//交通灯控制时序
    always
        begin
            red=on;                          //开红灯
            light(red,red_tics);             //调用等待任务
            green=on;                        //开绿灯
            light(green,green_tics);         //等待
            amber=on;                        //开黄灯
            light(amber,amber_tics);         //等待
        end

//定义交通灯开启时间的任务
    task  light(color,tics);
        output  color;
        input[31:0] tics;
        begin
            repeat(tics) @(posedge clock);   //等待 tics 个时钟的上升沿
            color=off;                       //关灯
        end
    endtask

//产生时钟脉冲的 always 块
    always
        begin
            #100 clock=0;
            #100 clock=1;
        end
endmodule
```

这个例子描述了一个简单的交通灯的时序控制，并且该交通灯有它自己的时钟产生器。

3. function 说明语句

函数的目的是返回一个用于表达式的值。
定义函数的语法：

```
function <返回值的类型或范围> (函数名);
    <端口说明语句>
    <变量类型说明语句>
    begin
        <语句>
        ...
    end
endfunction
```

注意：<返回值的类型或范围>这一项是可选项，若缺省，则返回值为一位寄存器类型数据。下面用例子说明。

【例 6-35】 函数使用举例。

```
function [7:0] getbyte;
    input [15:0] address;
    begin
        <说明语句>                              //从地址字中提取低字节的程序
        getbyte = result_expression;         //把结果赋予函数的返回字节
    end
endfunction
```

1）从函数返回的值

函数的定义蕴含声明了与函数同名的、函数内部的寄存器。若在函数的声明语句中<返回值的类型或范围>缺省，则这个寄存器是 1 位的；否则是与函数定义中<返回值的类型或范围>一致的寄存器。函数的定义把函数返回值所赋值寄存器的名称初始化为与函数同名的内部变量。上面的例子说明了这个概念：getbyte 被赋予的值就是函数的返回值。

2）函数的调用

函数的调用是通过将函数作为表达式中的操作数来实现的。其调用格式如下：

```
<函数名> （<表达式><,<表达式>>*)
```

其中函数名作为确认符。下面的例子中通过对两次调用函数 getbyte 的结果值进行位拼接运算来生成一个字。

```
word = control? {getbyte(msbyte),getbyte(lsbyte)} : 0;
```

3）函数的使用规则

与任务相比较，函数的使用有较多的约束，下面给出的是函数的使用规则：

（1）函数的定义不能包含任何的时间控制语句，即任何用#、@、或 wait 来标识的语句。

（2）函数不能启动任务。

（3）定义函数时至少要有一个输入参量。

（4）在函数的定义中必须有一条赋值语句给函数中的一个内部变量赋予函数的结果值，该内部变量具有和函数名相同的名字。

下面的例子中定义了一个可进行阶乘运算的名为 factorial 的函数，该函数返回一个 32 位的寄存器类型的值，该函数可反向调用自身，并且打印出部分结果值。

【例 6-36】 阶乘运算函数 factorial。

```
module tryfact;

//函数的定义-------------------------------
    function[31:0]factorial;
        input[3:0]operand;
        reg[3:0]index;
        begin
            factorial = operand? 1 : 0;
```

```
            for(index=2;index<=operand;index=index+1)
            factorial = index * factorial;
        end
    endfunction

//函数的测试-------------------------------------
    reg[31:0]result;
    reg[3:0]n;
    initial
        begin
            result=1;
            for(n=2;n<=9;n=n+1)
                begin
                    $display("Partial result n= %d result= %d", n, result);
                    result = n * factorial(n)/((n*2)+1);
                end
            $display("Finalresult=%d",result);
        end
endmodule                                   //模块结束
```

6.8　系统函数和任务

Verilog HDL 语言中共有以下系统函数和任务：

$bitstoreal、$rtoi、$display、$setup、$finish、$skew、$hold、$setuphold、$itor、$strobe、$period、$time、$printtimescale、$timefoemat、$realtime、$width、$real tobits、$write、$recovery。

在 Verilog HDL 语言中每个系统函数和任务前面都用一个标识符$来加以确认。这些系统函数和任务提供了非常强大的功能。有兴趣的同学可以参阅 Verilog 语言参考手册。下面对一些常用的系统函数和任务加以介绍。

6.8.1　系统任务$display 和$write

$display 与$write 格式：

```
$display(p1,p2,…,pn);
$write(p1,p2,…,pn);
```

这两个系统任务的作用是用来输出信息，即将参数 p2~pn 按参数 p1 给定的格式输出。参数 p1 通常称为格式控制，参数 p2~pn 通常称为输出表列。这两个任务的作用基本相同。$display 自动地在输出后进行换行，$write 则不是这样。如果想在一行里输出多个信息，可以使用$write。在$display 和$write 中，其输出格式控制是用双引号括起来的字符串，它包括两种信息：格式说明和普通字符。

1. 格式说明

格式说明由%和格式字符组成，它的作用是将输出的数据转换成指定的格式后输出。

格式说明总是由%字符开始的。对于不同类型的数据用不同的格式输出。表 6.11 给出了常用的几种输出格式。

表 6.11 常用的输出格式

输出格式	说明
%h 或%H	以十六进制数的格式输出
%d 或%D	以十进制数的格式输出
%o 或%O	以八进制数的格式输出
%b 或%B	以二进制数的格式输出
%c 或%C	以 ASCII 码字符的格式输出
%v 或%V	输出网络型数据信号强度
%m 或%M	输出等级层次的名字
%s 或%S	以字符串的格式输出
%t 或%T	以当前的时间格式输出
%e 或%E	以指数的格式输出实型数
%f 或%F	以十进制数的格式输出实型数
%g 或%G	以指数或十进制数的格式输出实型数，无论何种格式都以较短的结果输出

2. 普通字符

普通字符即需要原样输出的字符，其中一些特殊的字符可以通过表 6.12 中的转换序列来输出。表 6.12 的字符形式用于格式字符串参数中，用来显示特殊的字符。

表 6.12 常用的格式字符

转换序列	功能	转换序列	功能
\n	换行	\"	双引号字符"
\t	横向跳格（即跳到下一个输出区）	\o	1～3 位八进制数代表的字符
\\	反斜杠字符\	%%	百分符号%

在$display 和$write 的参数列表中，其输出表列是需要输出的一些数据，可以是表达式。下面举几个例子说明一下。

【例 6-37】输出显示使用举例 1。

```
module disp;
    initial
        begin
            $display("\\\t%%\n\"\123");
        end
endmodule
```

输出结果为

```
\%
"S
```

从上面的这个例子中可以看到一些特殊字符的输出形式（八进制数 123 就是字符 S）。

【例 6-38】输出显示使用举例 2。

```
module disp;
    reg[31:0] rval;
    pulldown(pd);
    initial
        begin
            rval=101;
            $display("rval=%h hex %d decimal", rval, rval);
            $display("rval=%o otal %b binary", rval, rval);
            $display("rval has %c ascii character value",rval);
            $display("pd strength value is %v",pd);
            $display("current scope is %m");
            $display("%s is ascii value for 101",101);
            $display("simulation time is %t",$time);
        end
endmodule
```

其输出结果为：

```
rval=00000065 hex 101 decimal
rval=00000000145 octal 00000000000000000000000001100101 binary
rval has e ascii character value
pd strength value is StX
current scope is disp
e is ascii value for 101
simulation time is 0
```

3. 输出数据的显示宽度

在$display 中，输出列表中数据的显示宽度是自动按照输出格式进行调整的。这样在显示输出数据时，经过格式转换以后，总是用表达式的最大可能值所占的位数来显示表达式的当前值。在用十进制数格式输出时，输出结果前面的 0 用空格来代替。对于其他进制，输出结果前面的 0 仍然显示出来。例如，对于一个值的位宽为 12 位的表达式，若按照十六进制数格式输出，则输出结果占 3 个字符的位置；若按照十进制数格式输出，则输出结果占 4 个字符的位置。这是因为这个表达式的最大可能值为 FFF（十六进制）、4095（十进制）。可以通过在%和表示进制的字符中间插入一个 0 自动调整显示输出数据宽度的方式。例如：

```
$display("d=%0h a=%0h",data,addr);
```

这样在显示输出数据时，在经过格式转换以后，总是用最少的位数来显示表达式的当前值。下面举例说明。

【例 6-39】输出显示使用举例 3。

```
module printval;
    reg[11:0]r1;
    initial
        begin
```

```
            r1=10;
            $display("Printing with maximum size=%d=%h",r1,r1);
            $display("Printing with minimum size=%0d=%0h",r1,r1);
        end
enmodule
```

输出结果为：

```
Printing with maximum size=10=00a:
Printing with minimum size=10=a;
```

如果输出列表中表达式的值包含不定值或高阻值，其结果输出遵循以下规则：

（1）若输出格式为十进制：

①如果表达式值的所有位均为不定值，则输出结果为小写的 x；

②如果表达式值的所有位均为高阻值，则输出结果为小写的 z；

③如果表达式值的部分位为不定值，则输出结果为大写的 X；

④如果表达式值的部分位为高阻值，则输出结果为大写的 Z。

（2）若输出格式为十六进制和八进制。

①每 4 位二进制数为一组代表一位十六进制数，每 3 位二进制数为一组代表 1 位八进制数。

②如果表达式值相对应的某进制数的所有位均为不定值，则该位进制数的输出的结果为小写的 x。

③如果表达式值相对应的某进制数的所有位均为高阻值，则该位进制数的输出结果为小写的 z。

④如果表达式值相对应的某进制数的部分位为不定值，则该位进制数输出结果为大写的 X。

⑤如果表达式值相对应的某进制数的部分位为高阻值，则该位进制数输出结果为大写的 Z。

（3）对于二进制输出格式，表达式值的每一位的输出结果为 0、1、x、z。

下面举例说明。

```
$display("%d", 1'bx);                                //输出结果为：x
$display("%h", 14'bx0_1010);                         //输出结果为：xxXa
$display("%h %o",12'b001x_xx10_1x01,12'b001_xxx_101_x01);
                                                     //输出结果为：XXX 1x5X
```

注意：因为$write 在输出时不换行，要注意它的使用。可以在$write 中加入换行符\n，以确保明确的输出显示格式。

6.8.2　系统任务$monitor

$monitor 格式：

```
$monitor(p1,p2,…,pn);
$monitor;
$monitoron;
$monitoroff;
```

任务$monitor 提供了监控和输出参数列表中的表达式或变量值的功能。其参数列表中输出控制格式字符串和输出表列的规则与$display 中的一样。当启动一个带有一个或多个参数的$monitor 任务时，仿真器则建立一个处理机制，使得每当参数列表中变量或表达式的值发生变化时，整个参数列表中变量或表达式的值都将输出显示。如果同一时刻，两个或多个变量的值发生变化，则在该时刻只输出显示一次。但在$monitor 中，参数可以是$time 系统函数。这样变量列表中变量或表达式的值同时发生变化的时刻可以通过标明同一时刻的多行输出来显示。例如：

```
$monitor($time,,"rxd=%b txd=%b",rxd,txd);
```

在$display 中也可以这样使用。注意在上面的语句中，,,代表一个空参数。空参数在输出时显示为空格。

$monitoron 和$monitoroff 任务的作用是通过打开和关闭监控标志来控制监控任务$monitor 的启动和停止，这样使得程序员可以很容易的控制$monitor 何时发生。其中$monitoroff 任务用于关闭监控标志，停止监控任务$monitor；$monitoron 则用于打开监控标志，启动监控任务$monitor。通常在通过调用$monitoron 启动$monitor 时，不管$monitor 参数列表中的值是否发生变化，总是立刻输出显示当前时刻参数列表中的值，这用于在监视的初始时刻设定初始比较值。在缺省情况下，控制标志在仿真的起始时刻就已经打开了。在多模块调试的情况下，许多模块中都调用了$monitor，因为任何时刻只能有一个$monitor 起作用，所以需配合$monitoron 与$monitoroff 使用，把需要监视的模块用$monitoron 打开，在监视完毕后及时用$monitoroff 关闭，以便把$monitor 让给其他模块使用。$monitor 与$display 的不同处还在于$monitor 往往在 initial 块中调用，只要不调用$monitoroff，$monitor 便不间断地对所设定的信号进行监视。

6.8.3　时间度量系统函数$time 和$realtime

在 Verilog HDL 中有两种类型的时间度量系统函数：$time 和$realtime。用这两个时间系统函数可以得到当前的仿真时刻。

1. 系统函数$time

$time 可以返回一个 64 比特的整数来表示的当前仿真时刻值。该时刻值是以模块的仿真时间尺度为基准的。下面举例说明。

【例 6-40】$time 使用举例。

```
`timescale 10ns/1ns
module test;
    reg set;
    parameter p=1.6;
    initial
        begin
            $monitor($time,,"set=",set);
            #p set=0;
            #p set=1;
        end
endmodule
```

输出结果为：

```
0 set=x
2 set=0
3 set=1
```

在这个例子中，模块 test 想在时刻为 16ns 时设置寄存器 set 为 0，在时刻为 32ns 时设置寄存器 set 为 1。但是由$time 记录的 set 变化时刻却和预想的不一样。这是由下面两个原因引起的：

（1）$time 显示时刻受仿真时间尺度比例的影响。在上面的例子中，时间尺度是 10ns，因为$time 输出的时刻总是时间尺度的倍数，这样将 16ns 和 32ns 输出为 1.6 和 3.2。

（2）因为$time 总是输出整数，所以在将经过尺度比例变换的数字输出时，要先进行取整。在上面的例子中，1.6 和 3.2 经取整后为 2 和 3 输出。注意：时间的精确度并不影响数字的取整。

2. 系统函数$realtime

$realtime 和$time 的作用是一样的，只是$realtime 返回的仿真时刻是一个实型数，该数字也是以仿真时间尺度为基准的。下面举例说明。

【例 6-41】$realtime 使用举例。

```
`timescale10ns/1ns
module test;
    reg set;
    parameter  p=1.55;
    initial
        begin
            $monitor($realtime,,"set=",set);
            #p set=0;
            #p set=1;
        end
endmodule
```

输出结果为：

```
0 set=x
1.6 set=0
3.2 set=1
```

从上面的例子可以看出，$realtime 将仿真时刻经过尺度变换以后即输出，不需进行取整操作。所以$realtime 返回的时刻是实型数。

6.8.4 系统任务$finish

系统任务$finish 格式：

```
$finish;
$finish(n);
```

系统任务$finish 的作用是退出仿真器，返回主操作系统，也就是结束仿真过程。任务

$finish 可以带参数，根据参数的值输出不同的特征信息。如果不带参数，默认$finish 的参数值为 1。下面给出了对于不同的参数值，系统输出的特征信息。

　　0：不输出任何信息。

　　1：输出当前仿真时刻和位置。

　　2：输出当前仿真时刻、位置和在仿真过程中所用 memory 及 CPU 时间的统计。

6.8.5　系统任务$stop

系统任务$stop 格式：

```
$stop;
$stop(n);
```

　　$stop 任务的作用是把 EDA 工具(如仿真器)置成暂停模式，在仿真环境下给出一个交互式的命令提示符，将控制权交给用户。这个任务可以带有参数表达式。根据参数值(0、1 或 2)的不同，输出不同的信息。参数值越大，输出的信息越多。

6.8.6　系统任务$readmemb 和$readmemh

　　在 Verilog HDL 程序中有两个系统任务$readmemb 和$readmemh 用来从文件中读取数据到存储器中。这两个系统任务可以在仿真的任何时刻被执行使用，其使用格式共有以下六种：

```
$readmemb("<数据文件名>",<存储器名>);
$readmemb("<数据文件名>",<存储器名>,<起始地址>);
$readmemb("<数据文件名>",<存储器名>,<起始地址>,<结束地址>);
$readmemh("<数据文件名>",<存储器名>);
$readmemh("<数据文件名>",<存储器名>,<起始地址>);
$readmemh("<数据文件名>",<存储器名>,<起始地址>,<结束地址>);
```

　　在这两个系统任务中，被读取的数据文件的内容只能包含：空白位置(空格、换行、制表格(tab)和 form-feeds)、注释行(//形式的和/*···*/形式的都允许)、二进制或十六进制的数字。数字中不能包含位宽说明和格式说明，对于$readmemb 系统任务，每个数字必须是二进制数字；对于$readmemh 系统任务，每个数字必须是十六进制数字。数字中不定值 x 或 X、高阻值 z 或 Z 和下划线(_)的使用方法及代表的意义与一般 Verilog HDL 程序中的用法及意义是一样的。另外数字必须用空白位置或注释行来分隔开。

　　在下面的讨论中，地址一词指对存储器建模的数组的寻址指针。当数据文件被读取时，每一个被读取的数字都被存放到地址连续的存储器单元中。存储器单元的存放地址范围由系统任务声明语句中的起始地址和结束地址来说明，每个数据的存放地址在数据文件中进行说明。当地址出现在数据文件中，其格式为字符@后跟十六进制数。例如：

```
@hh···h
```

　　这个十六进制的地址数允许大写和小写的数字。在字符@和数字之间不允许存在空白位置。可以在数据文件里出现多个地址。当系统任务遇到一个地址说明时，系统任务将该地址后的数据存放到存储器中相应的地址单元中。

　　对于上面六种系统任务格式，需补充说明以下五点：

(1)如果系统任务声明语句中和数据文件里都没有进行地址说明，则缺省的存放起始地址为该存储器定义语句中的起始地址。数据文件里的数据被连续存放到该存储器中，直到该存储器单元存满为止或数据文件里的数据存完。

(2)如果系统任务中说明了数据存放的起始地址，没有说明存放的结束地址，则数据从起始地址开始存放，存放到该存储器定义语句中的结束地址为止。

(3)如果在系统任务声明语句中，对起始地址和结束地址都进行了说明，则数据文件里的数据从该起始地址开始存放到存储器单元中，直到该结束地址，而不考虑该存储器的定义语句中的起始地址和结束地址。

(4)如果地址信息在系统任务和数据文件里都进行了说明，那么数据文件里的地址必须在系统任务中地址参数声明的范围之内，否则将提示错误信息，并且装载数据到存储器中的操作被中断。

(5)如果数据文件里的数据个数和系统任务中起始地址及结束地址暗示的数据个数不同，也要提示错误信息。

下面举例说明。

先定义一个有256个地址的字节存储器mem：

```
reg[7:0] mem[1:256];
```

下面给出的系统任务以各自不同的方式装载数据到存储器mem中。

```
initial $readmemh("mem.data",mem);
initial $readmemh("mem.data",mem,16);
initial $readmemh("mem.data",mem,128,1);
```

第一条语句在仿真时刻为0时，将装载数据到以地址是1的存储器单元为起始存储单元的存储器中。第二条语句将装载数据到以地址是16的存储器单元为起始存储单元的存储器中，一直到地址是256的单元为止。第三条语句将从地址是128的单元开始装载数据，一直到地址为1的单元。在第三种情况中，当装载完毕，系统要检查在数据文件里是否有128个数据，如果没有，系统将提示错误信息。

6.8.7 系统任务$random

系统任务$random提供了一个产生随机数的手段。当函数被调用时返回一个32bit的随机数。它是一个带符号的整型数。

$random一般的用法是：$ramdom % b，其中b>0。它给出了一个范围在(-b+1):(b-1)中的随机数。下面给出一个产生随机数的例子：

```
reg[23:0] rand;
rand = $random % 60;
```

上面的例子给出了一个范围在-59～59的随机数，下面的例子通过位并接操作产生一个值在0～59的数。

```
reg[23:0] rand;
rand = {$random} % 60;
```

利用这个系统函数可以产生随机脉冲序列或宽度随机的脉冲序列，以用于电路的测试。下面例子中的 Verilog HDL 模块可以产生宽度随机的随机脉冲序列的测试信号源，在电路模块的设计仿真时非常有用。实际使用中可以根据测试的需要，模仿下例，灵活使用$random系统函数编制出与实际情况类似的随机脉冲序列。

【例 6-42】使用$random 产生随机脉冲序列。

```
`timescale 1ns/1ns
module random_pulse( dout );
    output [9:0] dout;
    reg dout;
    integer delay1,delay2,k;
        initial
            begin
                #10 dout=0;
                for (k=0; k< 100; k=k+1)
                    begin
                        delay1 = 20 * ( {$random} % 6);
                                //delay1 在 0～100ns 变化
                        delay2 = 20 * ( 1 + {$random} % 3);
                                //delay2 在 20～60ns 变化
                        #delay1  dout = 1 << ({$random} %10);
                                //dout 的 0～9 位中随机出现 1，并出现的时间在
                                //0～100ns 变化
                        #delay2  dout = 0;
                                //脉冲的宽度在 20～60ns 变化
                    end
            end
endmodule
```

6.9　编译预处理

Verilog HDL 语言和 C 语言一样，也提供了编译预处理的功能。编译预处理是 Verilog HDL 编译系统的一个组成部分。Verilog HDL 语言允许在程序中使用几种特殊的命令（它们不是一般的语句）。Verilog HDL 编译系统时通常先对这些特殊的命令进行预处理，然后对预处理的结果和源程序一起进行通常的编译处理。

在 Verilog HDL 语言中，为了和一般的语句相区别，这些预处理命令以符号 ` 开头（注意：这个符号是不同于单引号 ' 的）。这些预处理命令的有效作用范围为定义命令之后到本文件结束或到其他命令定义替代该命令之处。Verilog HDL 提供了以下预编译命令：

`accelerate、`autoexpand_vectornets、`celldefine、`default_nettype、`define、`else、`endcelldefine、`endif、`endprotect、`endprotected、`expand_vectornets、`ifdef、`include、`noaccelerate、`noexpand_vectornets、`noremove_gatenames、`noremove_netnames、`nounconnected_drive、`protect、`protecte、`remove_gatenames、`remove_netnames、`reset、`timescale、`unconnected_drive。

在本节里只对常用的`define、`include、`timescale 进行介绍，其余的请查阅参考书。

6.9.1　宏定义`define

用一个指定的标识符(即名字)来代表一个字符串，它的一般形式为：

`define 标识符(宏名) 字符串(宏内容)

例如：

```
`define signal string
```

它的作用是指定用标识符 signal 来代替 string 这个字符串，在编译预处理时，把程序中在该命令以后所有的 signal 都替换成 string。这种方法使用户能以一个简单的名字代替一个长的字符串，也可以用一个有含义的名字来代替没有含义的数字和符号，因此把这个标识符(名字)称为宏名，在编译预处理时将宏名替换成字符串的过程称为宏展开。`define 是宏定义命令。

【例 6-43】宏定义。

```
`define  WORDSIZE 8
module
reg[1:`WORDSIZE]  data; //这相当于定义 reg[1:8] data;
```

关于宏定义的八点说明：

(1)宏名可以用大写字母表示，也可以用小写字母表示。建议使用大写字母，以与变量名相区别。

(2)`define 命令可以出现在模块定义里面，也可以出现在模块定义外面。宏名的有效范围为定义命令之后到原文件结束。通常，`define 命令写在模块定义的外面，作为程序的一部分，在此程序内有效。

(3)在引用已定义的宏名时，必须在宏名的前面加上符号`，表示该名字是一个经过宏定义的名字。

(4)使用宏名代替一个字符串，可以减少程序中重复书写某些字符串的工作量。而且记住一个宏名要比记住一个无规律的字符串容易，这样在读程序时能立即知道它的含义，当需要改变某一个变量时，可以只改变 `define命令行，一改全改，如例 6-43 中，先定义 WORDSIZE 代表常量 8，这时寄存器 data 是一个 8 位的寄存器。如果需要改变寄存器的大小，只需把该命令行改为：`define WORDSIZE 16。这样寄存器 data 则变为一个 16 位的寄存器。由此可见使用宏定义，可以提高程序的可移植性和可读性。

(5)宏定义是用宏名代替一个字符串，也就是做简单的置换，不做语法检查，预处理时照样代入，不管含义是否正确，只有在编译已被宏展开后的源程序时才报错。

(6)宏定义不是 Verilog HDL 语句，不必在行末加分号。如果加了分号会连分号一起进行置换，见下例。

【例 6-44】宏定义与宏展开。

```
module  test;
    reg  a, b, c, d, e, out;
    `define expressiona+b+c+d;
    assign out = `expression + e;
    ...
endmodule
```

经过宏展开以后，该语句为：

```
assign  out = a+b+c+d;+e;
```

显然出现语法错误。

(7)在进行宏定义时，引用已定义的宏名可以层层置换，见下例。

【例 6-45】 宏定义嵌套。

```
module test;
    reg  a, b, c;
    wire out;
    `define aa a + b
    `define cc c + `aa
    assign out = `cc;
endmodule
```

这样经过宏展开以后，assign 语句为：

```
assign  out = c + a + b;
```

(8)宏名和宏内容必须在同一行中进行声明。如果在宏内容中包含注释行，注释行不会作为被置换的内容，见下例。

【例 6-46】 含注释的宏定义。

```
module
    `define typ_nandnand #5  //define a nand with typical delay
    `typ_nand g121(q21,n10,n11);
    ...
endmodule
```

经过宏展开以后，该语句为：

```
nand #5 g121(q21,n10,n11);
```

宏内容可以是空格，在这种情况下，宏内容被定义为空的。当引用这个宏名时，不会有内容被置换。注意：组成宏内容的字符串不能够被以下的语句记号分隔开：注释行、数字、字符串、确认符、关键词、双目和三目字符运算符。例如，下面的宏定义声明和引用是非法的：

```
`define  first_half"start of string
$display(`first_half end of string");
```

注意在使用宏定义时要注意以下情况：

(1)对于某些 EDA 软件，在编写源程序时，若使用和预处理命令名相同的宏名会发生冲突，因此建议不要使用和预处理命令名相同的宏名。

(2)宏名可以是普通的标识符(变量名)。例如，signal_name 和`signal_name 的意义是不同的。但是这样容易引起混淆，建议不要这样使用。

6.9.2　文件包含处理`include

文件包含处理是一个源文件可以将另一个源文件的全部内容包含进来，即将另外的文件

包含到本文件之中。Verilog HDL 语言提供了 `include 命令用来实现文件包含的操作。其一般
形式为：

```
`include "文件名"
```

文件包含命令是很有用的，它可以避免程序设计人员的重复劳动。可以先将一些常用的
宏定义命令或任务(task)组成一个文件，然后用 `include 命令将这些宏定义包含到自己所写的
源文件中，相当于将工业上的标准元件拿来使用。另外在编写 Verilog HDL 源文件时，一个
源文件可能经常要用到另外几个源文件中的模块，遇到这种情况即可用 `include 命令将所需
模块的源文件包含进来。

【例 6-47】文件包含使用举例 1。

（1）文件 aaa.v。

```
module aaa(a,b,out);
    input a, b;
    output out;
    wire out;
    assign  out = a^b;
endmodule
```

（2）文件 bbb.v。

```
`include "aaa.v"
module  bbb(c,d,e,out);
    input  c,d,e;
    output  out;
    wire  out_a;
    wire  out;
    aaaaaa(.a(c),.b(d),.out(out_a));
    assign  out=e&out_a;
endmodule
```

在上面的例子中，文件 bbb.v 用到了文件 aaa.v 中的模块 aaa 的实例元件，通过文件包含
处理来调用。模块 aaa 实际上是作为模块 bbb 的子模块来被调用的。在经过编译预处理后，
文件 bbb.v 实际相当于下面的程序文件 bbb.v：

```
module aaa(a,b,out);
    input a, b;
    output  out;
    wire out;
    assign  out = a ^ b;
endmodule

module bbb( c, d, e, out);
    input c, d, e;
    output out;
```

```
    wire out_a;
    wire out;
    aaaaaa(.a(c),.b(d),.out(out_a));
    assign out= e &out_a;
endmodule
```

关于文件包含处理的四点说明：

（1）一个`include 命令只能指定一个被包含的文件，如果要包含 n 个文件，要用 n 个`include 命令。注意下面的写法是非法的：`include"aaa.v""bbb.v"。

（2）`include 命令可以出现在 Verilog HDL 源程序的任何地方，被包含文件名可以是相对路径名，也可以是绝对路径名。例如，`include"parts/count.v"。

（3）可以将多个`include 命令写在一行，在`include 命令行，只可以出空格和注释行。例如，下面的写法是合法的：

```
`include "fileB" `include "fileC"        //including fileB and fileC
```

（4）如果文件 1 包含文件 2，而文件 2 要用到文件 3 的内容，则可以在文件 1 用两个`include 命令分别包含文件 2 和文件 3，而且文件 3 应出现在文件 2 之前。例如，在下面的例子中，file3.v 即在 file1.v 中定义。

【例 6-48】文件包含使用举例 2。

```
`include"file3.v"
`include"file2.v"

module test(a,b,out);
    input[1:`size2] a, b;
    output[1:`size2] out;
    wire[1:`size2] out;
    assign  out= a+b;
endmodule
```

file2.v 的内容为：

```
`define size2  `size1+1
    ...
```

file3.v 的内容为：

```
`define size1  4
    ...
```

这样，file1.v 和 file2.v 都可用到 file3.v 的内容，file2.v 中不必再用 `include "file3.v"。
在一个被包含文件中又可以包含另一个被包含文件，即文件包含是可以嵌套的。

6.9.3　时间尺度`timescale

`timescale 命令用来说明跟在该命令后的模块的时间单位和时间精度。使用`timescale 命令可以在同一个设计里包含采用了不同的时间单位的模块。例如，一个设计中包含了两个模块，其中一个模块的时间延迟单位为 ns，另一个模块的时间延迟单位为 ps。EDA 工具仍然可以对这个设计进行仿真测试。

`timescale 命令的格式如下：

```
`timescale<时间单位>/<时间精度>
```

在这条命令中，时间单位是用来定义模块中仿真时间和延迟时间的基准单位的。时间精度参量是用来声明该模块的仿真时间的精确程度的，该参量被用来对延迟时间进行取整操作（仿真前），因此该参量又可以称为取整精度参量。如果在同一个程序设计里，存在多个`timescale 命令，则用最小的时间精度值来决定仿真的时间单位。另外时间精度至少要和时间单位一样精确，时间精度值不能大于时间单位值。

在`timescale 命令中，用于说明时间单位和时间精度参量值的数字必须是整数，其有效数字为 1、10、100，单位为秒(s)、毫秒(ms)、微秒(μs)、纳秒(ns)、皮秒(ps)、毫皮秒(fs)。这几种单位的意义说明见表 6.13。

表 6.13 时间单位

时间单位	定义
s	秒(1s)
ms	千分之一秒(10^{-3}s)
us	百万分之一秒(10^{-6}s)
ns	十亿分之一秒(10^{-9}s)
ps	万亿分之一秒(10^{-12}s)
fs	千万亿分之一秒(10^{-15}s)

下面举例说明`timescale 命令的用法。

【例 6-49】 `timescale 1ns/1ps。

在这个命令之后，模块中所有的时间值都是 1ns 的整数倍。这是因为在`timescale 命令中，定义了时间单位是 1ns。模块中的延迟时间可表达为带三位小数的实型数，因为 `timescale 命令定义时间精度为 1ps。

【例 6-50】 `timescale 10us/100ns。

在这个例子中，`timescale 命令定义后，模块中时间值均为 10us 的整数倍。因为`timesacle 命令定义的时间单位是 10us。延迟时间的最小分辨度为十分之一微秒(100ns)，即延迟时间可表达为带一位小数的实型数。

【例 6-51】 `timescale 使用举例。

```
`timescale 10ns/1ns
module  test;
    reg  set;
    parameter  d=1.55;
    initial
      begin
         #d set=0;
         #d set=1;
      end
endmodule
```

在这个例子中，`timescale 命令定义了模块 test 的时间单位为 10ns、时间精度为 1ns。因此在模块 test 中，所有的时间值应为 10ns 的整数倍，且以 1ns 为时间精度。这样经过取整操作，存在参数 d 中的延迟时间实际是 16ns(即 1.6×10ns)，这意味着在仿真时刻为 16ns 时寄存器 set 被赋值 0，在仿真时刻为 32ns 时寄存器 set 被赋值 1。

仿真时刻是按照以下的步骤来计算的。

(1)根据时间精度，参数 d 值被从 1.55 取整为 1.6。

(2)因为时间单位是 10ns，时间精度是 1ns，所以延迟时间#d 作为时间单位的整数倍为 16ns。

(3)EDA 工具预定在仿真时刻为 16ns 时给寄存器 set 赋值 0(即语句 #d set=0;执行时刻)，在仿真时刻为 32ns 时给寄存器 set 赋值 1(即语句 #d set=1;执行时刻)。

注意：如果在同一个设计里，多个模块中用到的时间单位不同，需要用到以下的时间结构。

(1)用`timescale 命令来声明本模块中所用到的时间单位和时间精度。

(2)用系统任务$printtimescale 来输出显示一个模块的时间单位和时间精度。

(3)用系统函数$time 和$realtime 及%t 格式声明来输出显示 EDA 工具记录的时间信息。

6.9.4　条件编译命令`ifdef、`else、`endif

一般情况下，Verilog HDL 源程序中所有的行都将参加编译。但是有时希望对其中的一部分内容只有在其满足条件时才进行编译，也就是对一部分内容指定编译的条件，这就是条件编译。有时，希望当条件满足时对一组语句进行编译，而当条件不满足时则编译另一部分。

条件编译命令有以下几种形式：

```
`ifdef 宏名（标识符）
    程序段 1
`else
    程序段 2
`endif
```

它的作用是当宏名已经被定义过(用`define 命令定义)，则对程序段 1 进行编译，程序段 2 将被忽略；否则编译程序段 2，程序段 1 被忽略。其中`else 部分可以没有，即：

```
`ifdef 宏名（标识符）
    程序段 1
`endif
```

这里的宏名是一个 Verilog HDL 的标识符；程序段可以是 Verilog HDL 语句组，也可以是命令行。这些命令可以出现在源程序的任何地方。注意：被忽略不进行编译的程序段部分也要符合 Verilog HDL 程序的语法规则。

通常在 Verilog HDL 程序中用到`ifdef、`else、`endif 编译命令的情况有以下几种：

(1)选择一个模块的不同代表部分；

(2)选择不同的时序或结构信息；

(3)对不同的 EDA 工具，选择不同的激励。

6.10　小　　结

Verilog HDL 的语法与 C 语言的语法有许多类似的地方，但也有许多不同的地方。学习 Verilog HDL 语法要善于找到不同点，着重理解阻塞（Blocking）和非阻塞（Non-Blocking）赋值的不同、顺序块和并行块的不同、块与块之间的并行执行的概念、task 和 function 的概念等。Verilog HDL 还有许多系统函数和任务也是 C 语言中没有的，如 \$monitor、\$readmemb、\$stop 等，而这些系统函数和任务在调试模块的设计中是非常有用的，只有通过查阅 Verilog 语言参考手册、阅读大量的 Verilog 调试模块实例并经过长期的实践才能逐步掌握。

第 7 章 Quartus Ⅱ 的使用方法

7.1 Quartus Ⅱ 介绍

Quartus Ⅱ 是一套专门针对 Altera 公司生产的 CPLD 或 FPGA 芯片进行逻辑电路设计的集成开发环境。Altera 公司开发的 Quartus Ⅱ 软件功能强大、自动化程度高、人机界面友好，深受广大电子工程师与电子爱好者欢迎。Quartus Ⅱ 能够为逻辑电路设计提供如下支持：

(1) 多种设计实体输入方式：电路原理图、AHDL、VHDL、Verilog HDL 等；

(2) 设计逻辑综合；

(3) 功能仿真、时序仿真与时序分析；

(4) 平面布图编辑；

(5) 自带编译器和工程管理器，自动错误定位、器件适配；

(6) 器件编程与下载等；

(7) 利用 SignalTap Ⅱ Logic Analyzer 进行嵌入式逻辑分析；

(8) 利用 SOPC Builder 建立硬核等。

利用 Quartus Ⅱ 开发环境进行复杂逻辑可编程器件开发的基本过程如图 7.1 所示，可分为设计输入、综合、适配、仿真与下载等基本步骤。

图 7.1 利用 Quartus Ⅱ 进行开发的基本设计流程图

在 Quartus Ⅱ中，输入为原理图或 HDL 文本，既可以向工程文件中添加已有文本，也可以在工程中新建文本。原理图输入主要是利用基本的逻辑单元（如与非门、异或门等）直接搭建。逻辑电路。这种方法简单、直观，不需要逻辑综合，但搭建功能复杂的逻辑电路效率十分低下。HDL 文本输入方法与传统软件语言编辑输入方法基本一致，主要采用硬件描述语言（如 Verilog HDL 或 VHDL 等）按照一定规范，对电路的功能、结构、行为及数据等进行描述或编辑。总体上看，纯粹的 HDL 设计输入仍然是最基本、最有效和最通用的输入方法。

综合只针对 HDL 文本进行，在 Quartus Ⅱ中主要由分析/综合（Analysis/Synthesis）器来完成。该模块主要完成的工作包括：①对 HDL 文本进行语法分析，检查设计是否符合语法规范；②将符合规范的电路高级语言转化为低级的、可与 FPGA/CPLD 的基本结构相映射的网表文件或程序。最终获得门级甚至线路级的电路网表描述文件。

适配由适配器（Fitter，也称结构综合器）完成。其主要功能是将由综合器产生的网表文件配置于指定的目标器件中，使之产生最终的下载文件。Quartus Ⅱ的适配器模块主要完成的操作包括底层器件配置、逻辑分割、逻辑优化、逻辑布局布线操作。

仿真可分为功能仿真与时序仿真。功能仿真是直接针对 HDL 或原理图描述，进行测试模拟，其主要目的是验证设计在功能上是否满足原设计的要求，并不涉及与器件的适配、逻辑门的时延等。因此，功能仿真通常在综合之后进行。时序仿真则是逼近器件实际运行的仿真，往往针对适配后的网表文件进行，仿真文件中包含器件特性、逻辑门时延等信息，因而仿真度高。时序仿真通常在配置后进行。若仿真结果无法满足设计要求，则需要重新调整设计。Quartus Ⅱ 9.0 版中自带仿真工具（Simulator Tool），通过新建、编辑向量波形文本（Vector Waveform File）可以完成对一些简单设计的功能仿真与时序仿真。Quartus Ⅱ还可以通过自动连接一些专业仿真分析软件，完成设计的仿真工作，如 ModelSim 等。利用 ModelSim AE（ModelSim 的 Altera 版）完成仿真工作，需针对设计编写仿真测试文件。

适配后生成的下载文件或配置文件需通过编程器或编程电缆下载到目标芯片中。这一过程通常称为编程，由编程器模块完成。Quartus Ⅱ支持主动串行（AS）模式、被动串行（PS）模式及 JTAG 模式三种配置方式。目前，较多采用 JTAG 模式配置。

Quartus Ⅱ具有强大且灵活的自动编译功能，自带模块化的编译器，包括分析/综合器、适配器、装配器（Assembler）、时序分析器（Timing Analyzer）、设计辅助模块（Design Assistant）、EDA 网表文件生成器（EDA Netlist Writers）和编译数据接口（Compiler Database Interface）等，能够实现逻辑综合、自动适配、生成网表等多项功能，既可以通过选择"开始编译（Start Compilation）"选项一次完成所有编译工作，也可以在 Task 任务面板中选择某项执行。

7.2　Quartus Ⅱ安装

7.2.1　Quartus Ⅱ安装准备

Quartus Ⅱ有各种版本，各版本软件均可以到 Altera 公司官方网站（www.altera.com）的下载中心下载。其中，Web 版为免费版本，无须许可证书，但只支持部分器件；专业版需要购买许可证书,具有完整功能,支持全部器件。作为 Quartus II 的普通用户,如果只是为了体验 Quartus II 软件的使用,或所使用的是常见低速器件,Web 版就足以满足基本需求。

Quartus II 可以使用 CD 安装,也可以下载安装。由于 TEC-8 实验系统提供的可编程逻辑器件为 MAX7128,这是一款经典的器件,Quartus II 支持该器件的最高版本为 Quartus II 9.0,本章以 Quartus II 9.0 为例介绍 Quartus II 的安装及使用。安装 Quartus II 之前,需从官方网站下载或从正规途径购买 Quartus II 9.0 安装包。

7.2.2 Quartus II 软件安装

在下面的介绍中,假设已下载好软件安装包(90_quartus_windows),安装环境为 Windows7 SP1。无须担心,安装环境的不同不会对软件安装产生影响,Quartus II 对于各种版本的 windows 系统均有很好的适应性。

首先,找到软件安装包所在位置,双击 90_quartus_windows 安装包,会出现自解压文件对话框。单击 Install 按钮,释放安装文件,如图 7.2 所示。

图 7.2 释放安装文件

自解压完成后,进入 Quartus II 9.0 Setup 安装界面,如图 7.3 所示。

单击 Next 按钮进入 License Agreement 界面。选择 I accept the terms of the license agreement 单选按钮,单击 Next 按钮,如图 7.4 所示。

进入 Customer Information 界面,填写好个人信息,单击 Next 按钮,如图 7.5 所示。

　　进入 Choose Destination Location 界面，选择安装路径。Quartus Ⅱ可以安装在默认路径下，也可以安装在硬盘的其他位置，但需要注意的是，Quartus Ⅱ的安装路径只能由字母与下划线组成。这里我们选择安装在缺省位置，如图 7.6 所示。

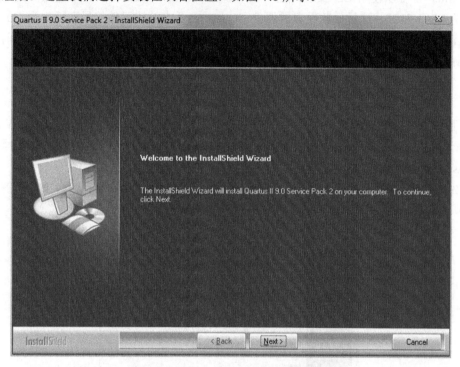

图 7.3　Quartus Ⅱ 9.0 Setup 安装界面

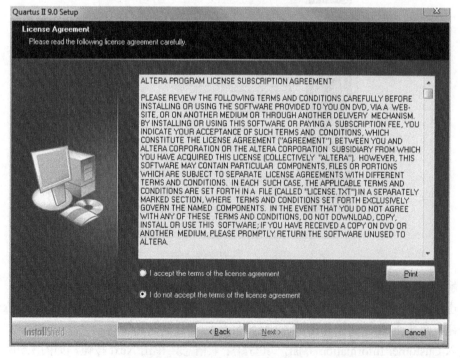

图 7.4　License Agreement 界面

图 7.5　填写个人信息

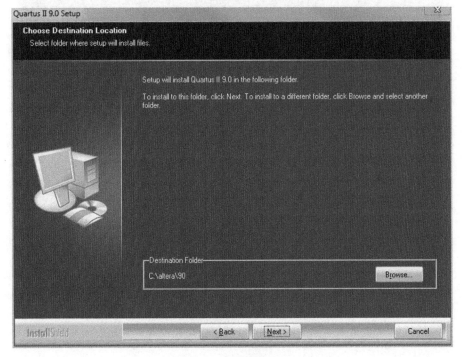

图 7.6　选择安装路径

　　单击"Next"按钮，为存放安装文件的文件夹命名(图 7.7)，通常选择默认的文件夹名，单击"Next"按钮，选择安装方式(图 7.8)。Complete 选项为完整安装，安装 Quartus Ⅱ的所有组件；选择 Custom 选项，可以依据用户习惯选择组件。

图 7.7　命名安装文件夹

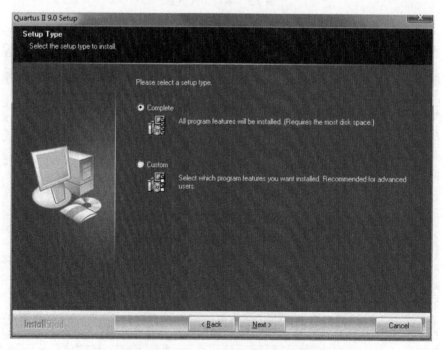

图 7.8　选择安装方式

　　这里我们选择完整安装。然后，单击"Next"按钮，直到显示"Installing"弹出对话框，即安装中的进度条，正式进入安装状态，如图 7.9 所示。Quartus Ⅱ软件规模较大，组件与模块较多，因此安装时间较长。用户需耐心等待一段时间，直到弹出"安装完成"对话框，单击"Finish"按钮完成安装，如图 7.10 所示。

图 7.9　安装中

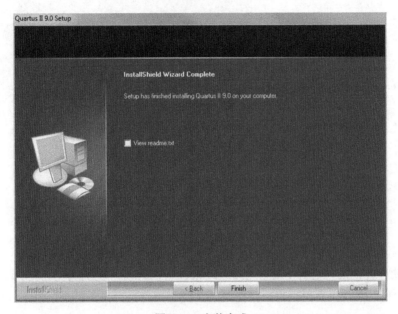

图 7.10　安装完成

7.3　Quartus Ⅱ 设计示例

本节将以十六进制计数器为例，讲解 Quartus Ⅱ 的使用的一般步骤。

(1)启动 Quartus Ⅱ 软件，创建名为 ounter16 的工程文件。

启动 Quartus Ⅱ 软件如图 7.11 所示，进入如图 7.12 所示的 Quartus Ⅱ 软件界面。

图 7.11　启动 Quartus Ⅱ 软件

图 7.12　Quartus Ⅱ软件界面

进入该软件界面后，选择 File → New Project Wizard 菜单栏命令(图 7.13)，启动新工程向导对话框(图 7.14)。

图 7.13　启动新工程向导

(2) 建立工程。

在新工程向导对话框中为新建工程指定工程所在位置、工程名称及顶层实体名称。这里要注意，目前 Quartus Ⅱ不支持中文命名及中文路径，且不能含有空格。在 Quartus Ⅱ中默认工程名与顶层实体名一致。这里我们指定工程路径为 C:\altera\myProjects\counter16，工程名称及实体名为 counter16。单击 Finish 按钮就完成了工程的初步建立。

但这时所建立的工程为空工程，既没有输入文本，也没有指定适配器件。使用者可以通过软件主界面左侧的工程导航面板(Project Navigator，如图 7.15 所示)完成相关设置及添加工程文件。

图 7.14　工程向导对话框

图 7.15　工程导航面板

但我们更推荐初学者在工程向导对话框的引导下完成工程的所有设置。单击工程向导对话框中的 Next 按钮，进入工程设置的下一步，打开 New Project Wizard: Add files 对话框。指定输入文本的路径，见图 7.16，单击 Add 按钮，将文本文件加入工程中。此步也可跳过，随后根据工程需要新建或添加输入文本。

图 7.16　指定输入文本

单击 Next 按钮，打开 New Project Wizard: Family & Device Settings 对话框，选择目标器件，见图 7.17。本例中选择 EPM7128SLC84-15，它属于 MAX7000S 系列 CPLD 芯片。

图 7.17　选择目标器件

单击 Next 按钮，打开 New Project Wizard: EDA Tool Settings 对话框，该对话框主要完成对 EDA 工具的一些设置，如图 7.18 所示。在本例中，各选项默认即可。

图 7.18　EDA 工具设置

最后可以看到工程设置的情况汇总（New Project Wizard: Summary 对话框），如图 7.19 所示。

(3) 设计输入。

若设计文件已经存在，或已使用其他文本编辑工具完成，可以将目标文件添加到本工程中。添加方法有两种：①可以在新建工程时添加，如步骤 (2) 中所示；②也可以在 Project Navigator 中选择 File 选项，右击 Files 选项，选择 Add/Remove Files in Project 选项（图 7.20）。

图 7.19　设置汇总　　　　　　　　　　　　图 7.20　在工程中添加/删除文件

　　此时出现如图 7.21 所示的向工程添加已有文件的对话框，选取相应的设计文件，选中后单击 Add 按钮即可将其加入工程中。在这里同样可以将工程中原有文件从工程中移除。也可以在 Quartus Ⅱ 中新建输入文本，完成设计。方法是选择 File→New 菜单项(或者在工具栏中单击 New 按钮)，见图 7.22，打开 New 对话框。

图 7.21　向工程添加已有文件

　　在新建文件过程中，可以根据需要选择文件类型。本例需新建设计文件，采用 Verilog HDL 语言，故选择 Verilog HDL File 选项(图 7.23)。

(a) 从菜单栏新建　　　　　　　(b) 从工具栏新建

图 7.22　新建文件

在新建的文本中输入 Verilog HDL 设计源码，如图 7.24 所示。这时，文本 Verilog1.v 处出现 "*"，这说明文本出现改动。

图 7.23　新建 Verilog HDL 文本文件　　图 7.24　输入 Verilog HDL 设计源码

单击工具栏 Save 按钮图标，保存修改，如图 7.25 所示。

单击 Save 按钮之后会弹出 "另存为" 对话框，如图 7.26 所示。将 verilog1 改为 counter16，单击 "保存" 按钮。

(4) 将输入文件设置为顶层模块。

复杂的设计往往由多个模块组成。对于一个工程只能有一个顶层模块。顶层模块的概念类似于主函数，是整个工程的核心。

设置顶层实体的方法为在工程导航窗口中选择 "Files" 选项，右击将要设置为顶层实体的文本(本例中为 counter16)，选择 Set as Top-Level Entity 选项，如图 7.27 所示。

图 7.25　保存修改

图 7.26　"另存为"对话框

图 7.27　设置顶层实体

(5)编译。

编译主要是对工程进行综合与适配,可以单独完成,也可以一次性完成。软件主界面左侧的 Task 窗口(图 7.28(a)),展示了编译器模块的所有子模块。可以单击 Compile Design 或工具栏中"编译"按钮(图 7.28(b))一次性完成所有编译工作;若只关心某一步骤,也可以单击 Compile Design 中对应的子按钮完成该步工作。

单击编译按钮完成编译工作。编译完全通过后,会生成 Flow Summary 给出一些资源占用的汇总信息,Task 中 Compile Design 的全部子项前都会显示绿色的"√",并弹出 Full Compilation was successful 的信息提示框,如图 7.29 所示。

(a) Task 窗口

(b) "编译"按钮

图 7.28　设计编译

图 7.29　编译通过

若某步出现错误，则会在 Complier Design 对应的子项前出现红色的"×"，弹出 Full Compilation was NOT successful 的信息提示框，并在信息提示(Messages)窗口显示错误信息，如图 7.30 所示。需要依据错误提示信息，修改设计文本，直到编译通过。

(6)仿真。

对于比较复杂的设计，需要通过关联专门的仿真软件完成仿真，如 ModelSim AE。简单的设计可采用 Quartus Ⅱ自带仿真模块完成。本节中的示例较为简单，采用自带仿真模块进行仿真即可。

①新建波形仿真文件。

单击 New 按钮，选择 Vector Waveform File 选项(图 7.31)，新建一个波形仿真文件(.vwf 文件)，如图 7.32 所示。

图 7.30　编译未通过

图 7.31　新建波形仿真文件

②编辑仿真文件。

在波形文件的 Name 一栏空白处右击，选择 Insert 选项，选择 Insert Node or Bus 选项（图 7.33），弹出 Insert Node or Bus 对话框（图 7.34）。单击 Node Finder 按钮，弹出 Node Finder 对话框（图 7.35）。

图 7.32　新建的.vwf 波形仿真文件

图 7.33　插入信号节点

图 7.34　Insert Node or Bus 对话框

图 7.35　Node Finder 对话框

Look in 指向 counter16，Filter 下拉列表框选择所关心的信号节点属性，这里我们选择 Pin:all 选项。单击 List 按钮，列出所有条件的信号，单击"＞"下拉列表框，选择所关心的信号。返回 Insert Node or Bus 对话框设置码型，这里我们暂时默认各种设置，如图 7.36 所示，单击 OK 按钮。

③编辑输入变量。

本节示例中，输入信号为 clk 与 rst 两个信号，其中 clk 为时钟信号，rst 为复位信号。

图 7.36　完成信号设置

选中 clk，选择 Edit→Value→Clock 菜单项（图 7.37），在弹出的对话框中设置时钟信号的周期等参数（图 7.38）。

图 7.37　设置时钟信号

图 7.38　设置时钟信号参数

rst 是复位信号，我们需要考察其分别在为高、为低以及由高变低、由低变高等情况下计数器的工作状况，因此，选中高信号的某部分区域，按照仿真的要求分别将其设为高或低即可，至此输入信号设置完成，如图 7.39 所示。

④仿真。

单击工具栏上 Save 按钮，保存仿真设置文件，为了便于管理将其名字命名为 counter16.vwf，如图 7.40 所示。

选择 Processing→Simulator Tool 菜单项，启动仿真器（图 7.41）。

图 7.39　输入信号设置完成

图 7.40　保存仿真设置文件

在 Simulator Tool 对话框中完成仿真设置（图 7.42）。Simulation mode 下拉列表框主要用于设置仿真模式：时序仿真或功能仿真，我们选择时序仿真（Timing）；Simulation input 下拉列表框中添加仿真设置文件，我们选择 counter16。其他可依据仿真的具体情况自行设定。设置完成后即可单击 Start 按钮开始仿真，待完成进度为 100%时仿真完成。单击 Report 按钮查看仿真报告，如图 7.43 所示。

图 7.41　启动仿真器

图 7.42　完成仿真设置

对于简单的设计,通过功能仿真验证了设计的功能后就可以进行引脚配置、下载编程了。但是对于较复杂的设计,还需要通过时序仿真分析所设计电路的时序特性,确保设计结果满足需要。

(7)配置引脚。

编译、仿真通过以后,需要将设计结果下载到芯片中,设计中的输入输出将分别对应芯片的某引脚，这个工作可以由软件自动完成，但是很多情况下外围电路已经设计完成，因此需要将输入输出引脚与芯片引脚进行指定。

如图 7.44 所示，选择 Assignments→Pin Planner 菜单项。在如图 7.45 所示的引脚配置对话框中进行引脚指定。

图 7.43　查看仿真报告

图 7.44　启动 Pin Planner

(8)下载。

首先通过下载电缆(本例中使用 USB-Blaster)将目标芯片与计算机连接。TEC-8 实验系统具备在系统编程功能，因此只需要使用 USB-Blaster 将 TEC-8 与计算机相连，打开实验箱电源即可。如图 7.46 所示，选择 Tools→Programmer 菜单项，启动编程器，弹出如图 7.47 所示的 Programmer 对话框。

在 Programmer 对话框中，需设置硬件设备。Quartus Ⅱ会自动识别连接到计算机的下载设备。本例中使用的是 USB-Blaster，单击 Hardware Setup 按钮，选择 USB-Blaster 选项（图 7.47）。单击 Start 按钮开始下载，当 Progress 为 100%时，下载完成（图 7.48）。

图 7.45　Pin Planner 配置

图 7.46　启动 Programmer

图 7.47　下载设置

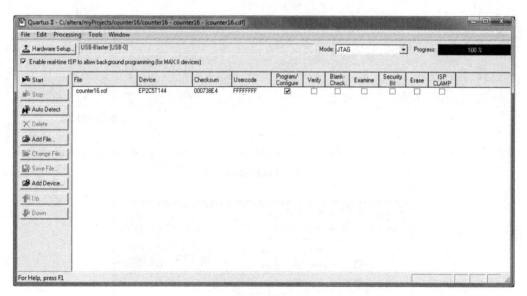

图 7.48　下载完成

附录 部分芯片资料及实验箱器件布局图

1. 74LS00（四2输入与非门）

74LS00 内部包含 4 个 2 输入与非门，其真值表如附表 1 所示，内部逻辑连线如附图 1 所示。

附表 1   Y = $\overline{A\&B}$ 真值表

A	B	Y
L	L	H
L	H	H
H	L	H
H	H	L

注：H=高电平，L=低电平。

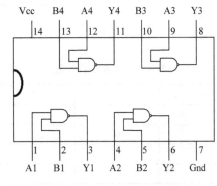

附图 1   74LS00 内部逻辑连线

2. 74LS04（六非门）

74LS04 内部包含 6 个非门，其真值表如附表 2 所示，内部逻辑连线如附图 2 所示。

附表 2   Y = $\overline{A}$ 真值表

A	Y
L	H
H	L

注：H=高电平，L=低电平。

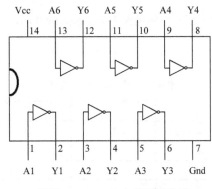

附图 2   74LS04 内部逻辑连线

3. 74LS06（集电极开路的六路反相输出缓冲器）

74LS06 内部包含 6 个集电极开路反相输出缓冲器，其内部逻辑连线如附图 3 所示。

4. 74HC08（四2输入端与门）

74LS08 内部包含 4 个 2 输入与门，其真值表如附表 3 所示，内部逻辑连线如附图 4 所示。

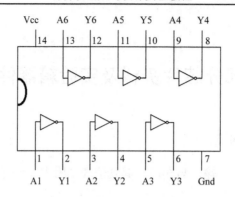

附图 3　74LS06 内部逻辑连线
（集电极开路输出需外接上拉电阻）

附表 3　Y=A & B 真值表

A	B	Y
L	L	L
L	H	L
H	L	L
H	H	H

注：H=高电平，L=低电平。

附图 4　74HC08 内部逻辑连线

5. 74LS28（四 2 输入或非门）

74LS28 内部包含 4 个 2 输入或非门，其真值表如附表 4 所示，内部逻辑连线如附图 5 所示。

附表 4　Y = $\overline{A\#B}$ 真值表

A	B	Y
L	L	H
L	H	L
H	L	L
H	H	L

注：H=高电平，L=低电平。

附图 5　74LS28 内部逻辑连线

6. 74LS30（8 输入与非门）

74LS30 内部是 1 个 8 输入与非门，其真值表如附表 5 所示，内部逻辑连线如附图 6 所示。

附表 5　Y=A&B&C&D&E&F&G&H 真值表

输入	输出
A~H	Y
所有输入为高	L
1 个或多个为低	H

注：H=高电平，L=低电平。

附图 6　74LS30 内部逻辑连线

7. 74HC32（四 2 输入或门）

74HC32 内部包含 4 个 2 输入或门，其真值表如附表 6 所示，内部逻辑连线如附图 7 所示。

附表 6　Y=A # B 真值表

A	B	Y
L	L	L
L	H	H
H	L	H
H	H	H

注：H=高电平，L=低电平。

附图 7　74HC32 内部逻辑连线

8. 74LS74（带置位/清零端的上边沿触发的双-D 触发器）

74LS74 内部包含 2 个带置位/清零端的上边沿触发 D 触发器，其真值表如附表 7 所示，内部逻辑连线如附图 8 所示。

附表 7　74LS74 真值表

输入				输出	
PR	CLR	CLK	D	Q	$\overline{Q}$
L	H	×	×	H	L
H	L	×	×	L	H
L	L	×	×	H*	H*
H	H	↑	H	H	L
H	H	↑	L	L	H
H	H	L		Q_0	$\overline{Q}_0$

注：H=高电平，L=低电平，×=任意值，↑=上升沿。

*该状态不稳定，最终取决于 PR 和 CLR 谁先回到高电平。

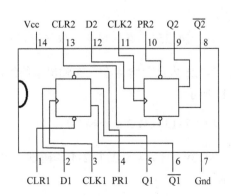

附图 8　74LS74 内部逻辑连线

9. 74LS86（四 2 输入异或门）

74LS86 内部包含 4 个 2 输入异或门，其真值表如附表 8 所示，内部逻辑连线如附图 9 所示。

附表 8　Y=A⊕B 真值表

A	B	Y
L	L	L
L	H	H
H	L	H
H	H	L

注：H=高电平，L=低电平。

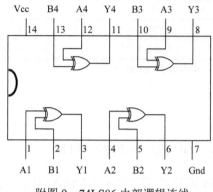

附图 9　74LS86 内部逻辑连线

10. 74107（具有清零端的双 J-K 触发器）

74107 内部包含 2 个带清零端的 J-K 触发器，其真值表如附表 9 所示，内部逻辑连线如附图 10 所示。

附表 9　74107 真值表

输入				输出	
CLR#	J	K	CK	Q	Q#
L	×	×	×	L	H
H	L	L	↓	Q_n	Q_n#
H	L	H	↓	L	H
H	H	L	↓	H	L
H	H	H	↓	Q_n#	Q_n
H	×	×	↑	Q_n	Q_n#

注：H=高电平，L=低电平，×=任意值，↑=上升沿，↓=下降沿。

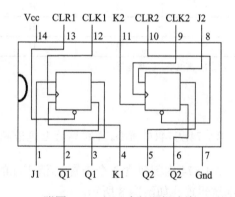

附图 10　74107 内部逻辑连线

11. 74125（三态输出 4 总线缓冲门）

74125 内部包含 4 个三态输出总线缓冲门，其真值表如附表 10 所示，内部逻辑连线如附图 11 所示。

12. 74139（双 2-4 译码器）

74139 内部包含 2 个 2-4 译码器，其真值表如附表 11 所示，内部逻辑连线如附图 12 所示。

附表 10 74125 真值表

输入		输出
A	C	Y
L	L	L
H	L	H
×	H	Z

注：H=高电平，L=低电平，×=任意值，Z=高阻态。

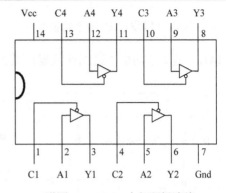

附图 11 74125 内部逻辑连线

附表 11 74139 真值表

输入			输出			
使能	选择					
G#	B	A	Y_0	Y_1	Y_2	Y_3
H	×	×	H	H	H	H
L	L	L	L	H	H	H
L	L	H	H	L	H	H
L	H	L	H	H	L	H
L	H	H	H	H	H	L

注：H=高电平，L=低电平，×=任意值。

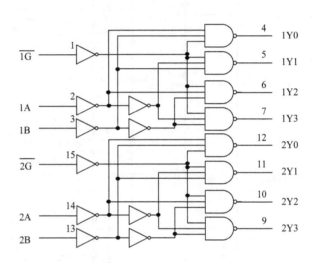

附图 12 74139 内部逻辑连线

13. 74153（双 4 选 1 数据选择器）

74153 内部包含 2 个 4 选 1 数据选择器，其真值表如附表 12 所示，内部逻辑连线如附图 13 所示。

附表 12 74153 真值表

串行输入		数据输入				使能	输出
B	A	C_0	C_1	C_2	C_3	G	Y
×	×	×	×	×	×	H	L
L	L	L	×	×	×	L	L
L	L	H	×	×	×	L	H
L	H	×	L	×	×	L	L
L	H	×	H	×	×	L	H
H	L	×	×	L	×	L	L
H	L	×	×	H	×	L	H
H	H	×	×	×	L	L	L
H	H	×	×	×	H	L	H

注：H=高电平，L=低电平，×=任意值。

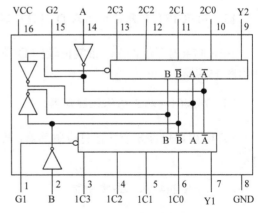

附图 13 74153 内部逻辑连线

14. 74162（同步十进制计数器）

74162 是 1 个同步十进制计数器，其内部逻辑连线如附图 14 所示。

附图 14　74162 内部逻辑连线

15. 74HC174（带复位端的六 D 型锁存器）

74HC174 内部包含 6 个带复位端的 D 锁存器，其真值表如附表 13 所示，内部逻辑连线如附图 15 所示。ssp

16. 74240（八路三态总线驱动器）

74240 内部包含 8 个三态总线驱动器，其真值表如附表 14 所示，内部逻辑连线如附图 16 所示。

17. 74HC244（八三态缓冲器）

74HC244 内部包含 8 个三态缓冲器，其真值表如附表 15 所示，内部逻辑连线如附图 17 所示。

附表 13　74HC174 真值表

输入		输出	
复位	时钟	D	Q
L	×	×	L
H	↑	H	H
H	↑	L	L
H	L	×	Q_0

注：H=高电平，L=低电平，×=任意值，
↑=上升沿。

附图 15　74HC174 内部逻辑连线

附表 14　74240 真值表

输入		输出
G#	A	Y
L	L	H
L	H	L
H	×	Z

注：H=高电平，L=低电平，×=任意值，
Z=高阻态。

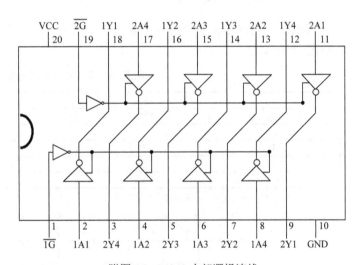

附图 16　74240 内部逻辑连线

附表 15　74HC244 真值表

$\overline{1G}$	1A	1Y	$\overline{2G}$	2A	2Y
L	L	L	L	L	L
L	H	H	L	H	H
H	L	Z	H	L	Z
H	H	Z	H	H	Z

注：H=高电平，L=低电平，Z=高阻态。

附图 17   74HC244 内部逻辑连线

18.   74HC273（带复位端八路 D 触发器）

74HC273 内部包含 8 个带复位端的 D 触发器，其真值表如附表 16 所示，内部逻辑连线如附图 18 所示。

附表 16   74HC273 真值表

输入			输出
复位	时钟	D	Q
L	×	×	L
H	↑	H	H
H	↑	L	L
H	L	×	Q_0

注：H=高电平，L=低电平，×=任意值，↑=上升沿。

附图 18   74HC273 内部逻辑连线

19. 74HC298（四 2 输入多路带存储开关）

74HC298 内部包含 4 个 2 输入多路带存储开关，其真值表如附表 17 所示，内部逻辑连线如附图 19 所示。

附表 17 74HC298 真值表

输入		输出			
状态选择	时钟	Q_A	Q_B	Q_C	Q_D
L	↓	A1	B1	C1	D1
H	↓	A2	B2	C2	D2
X	H	Q_{A0}	Q_{B0}	Q_{C0}	Q_{D0}

注：H=高电平，L=低电平，X=任意值，↓=下降沿。

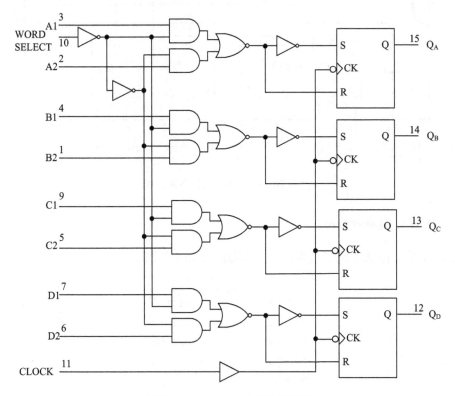

附图 19 74HC298 内部逻辑连线

20. 74HC374（八 D 触发器）

74HC374 内部包含 8 个 D 触发器，其真值表如附表 18 所示，内部逻辑连线如附图 20 所示。

附表 18 74HC374 真值表

输出控制	时钟	输入	输出
L	↑	H	H

输出控制	时钟	输入	输出
L	↑	L	L
L	L	×	Q_0
H	×	×	Z

注：H=高电平，L=低电平，×=任意值，↑=上升沿，Z=高阻态。

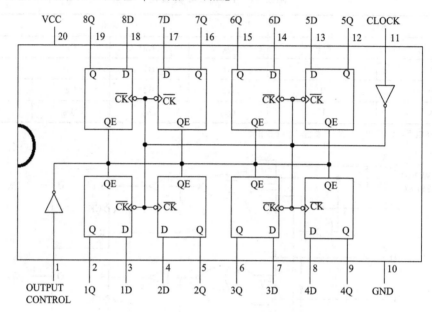

附图 20　74HC374 内部逻辑连线

21. 74LS181 引脚封装图

74LS181 是一种算术逻辑运算器，其引脚封装如附图 21 所示。

附图 21　74LF181 引脚封装图

22. HN58C65 引脚封装图

HN58C65 是一种电可擦除电可编程只读存储器 E^2PROM，其引脚封装如附图 22 所示。

23. IDT7132 引脚封装图

IDT7132 是一种双端口存储器芯片，其引脚封装如附图 23 所示。

附图 22　HN58C65 引脚封装图　　　　　　附图 23　IDT7132 引脚封装图

24. TEC-8 计算机硬件综合实验系统器件布局图

TEC-8 计算机硬件综合实验系统器件布局如附图 24 所示。

附图 24　TEC-8 计算机硬件

综合实验系统器件布局图